高职高专艺术学门类"十四五"系列教材

书籍装帧设计

（第三版）

主　编　于　瀛　韩　冬
副主编　万　敏　武晓刚　吕丽丽　涂远芳
　　　　陈　婧　杜　丽　谷　燕

华中科技大学出版社
http://press.hust.edu.cn
中国·武汉

图书在版编目（CIP）数据

书籍装帧设计 / 于瀛，韩冬主编 . —3 版 . —武汉：华中科技大学出版社，2023.4
ISBN 978-7-5680-9276-0

Ⅰ . ①书…　Ⅱ . ①于…②韩…　Ⅲ . ①书籍装帧—设计　Ⅳ . ① TS881

中国国家版本馆 CIP 数据核字（2023）第 045115 号

书籍装帧设计（第三版）

Shuji Zhuangzhen Sheji（Di-san Ban）

于瀛　韩冬　主编

策划编辑：彭中军

责任编辑：刘　静

封面设计：孢　子

责任监印：朱　玢

出版发行：华中科技大学出版社（中国·武汉）　　　电话：（027）81321913
　　　　　武汉市东湖新技术开发区华工科技园　　　邮编：430223

录　　排：武汉创易图文工作室

印　　刷：湖北新华印务有限公司

开　　本：889 mm×1194 mm　1/16

印　　张：10

字　　数：251 千字

版　　次：2023 年 4 月第 3 版第 1 次印刷

定　　价：69.00 元

前言 Preface

　　书籍是人类智慧积累、传播、延续的重要方式，是人类文明进步的重要标志。书籍装帧设计是一种以提升信息沟通质量、扩大信息沟通范围为目标的视觉传达活动，它以图形、文字、色彩等视觉符号的形式组合传达出设计者所要表现出的思想、气质和精神。一本优秀的图书从内容到装帧设计应该是高度和谐统一的，是艺术与技术工艺完美的结合体。它不但能使读者获得知识，而且能给读者带来美的精神享受。

　　书籍装帧设计包含了书籍的整体设计。从书籍的封面、护封设计到书籍的内页编排设计，从各要素的版式编排设计到书籍的函套、包装设计，均属于书籍装帧设计的范畴。书籍装帧设计要求设计者在深入掌握、理解书籍原著内容、思想、风格的基础上，对书籍的各个组成部分进行精心设计，使书籍的每个设计要素都能和谐地融入统一的设计风格之中，并且能够突出并彰显书籍的整体风格与内容主旨。

　　书籍装帧设计是艺术设计专业平面设计方向必修专业课。本书较为详细地介绍了书籍与出版的相关知识、书籍的发展与影响、书籍的整体设计(书籍的结构与形态，护封／封面设计，书籍版式设计，书中的文字、图像设计，图书的信息导航设计，书籍的包装设计)，介绍了相关的印刷知识、材料的选用与表面装饰工艺，最后还介绍了书籍的其他形式。另外，书中提供了大量的书籍设计案例，以期帮助读者更直观、更深入地理解所介绍的知识。

　　期望本书能够作为普适教材，为指导该专业学生学习书籍设计提供有效的帮助，或者能够成为图书设计、出版从业者进行设计实践的文献资料及使用手册，使他们通过对本书知识的掌握，能够有效地理解书籍整体设计的知识及设计方法，并可以独立地完成书籍整体设计工作。

　　我们在编写修正内容的过程中得到了专业人员的大力帮助，感谢王鹏老师提供的专业意见。本书编写较为匆忙，书中难免会有不足之处，敬请专家、同行们不吝赐教。

编者

目录 Contents

第一章　书之概要　　　　　　　　　　　　　　　　　/ 1

　　第一节　什么是书？　　　　　　　　　　　　　　　/ 2

　　第二节　书籍出版　　　　　　　　　　　　　　　　/ 2

　　第三节　书籍设计　　　　　　　　　　　　　　　　/ 4

　　第四节　书籍发展史与影响力　　　　　　　　　　　/ 4

第二章　书籍的整体设计　　　　　　　　　　　　　　/ 17

　　第一节　书籍的形态　　　　　　　　　　　　　　　/ 18

　　第二节　书籍的结构　　　　　　　　　　　　　　　/ 30

　　第三节　护封 / 封套设计　　　　　　　　　　　　　/ 32

　　第四节　书籍版式设计　　　　　　　　　　　　　　/ 51

　　第五节　书中的文字　　　　　　　　　　　　　　　/ 65

　　第六节　图书的导航　　　　　　　　　　　　　　　/ 95

　　第七节　书籍外包装设计　　　　　　　　　　　　　/ 105

第三章　印刷与材料　　　　　　　　　　　　　　　　/ 109

　　第一节　印刷　　　　　　　　　　　　　　　　　　/ 110

　　第二节　材料的选用与表面装饰　　　　　　　　　　/ 111

第四章　图书的其他形式　　　　　　　　　　　　　　/ 127

　　第一节　立体图书　　　　　　　　　　　　　　　　/ 128

　　第二节　电子图书　　　　　　　　　　　　　　　　/ 136

附录 A　2022 年度"世界最美的书"获奖作品　　　　/ 148

参考文献　　　　　　　　　　　　　　　　　　　　/ 153

第一章

书之概要

第一节　什么是书？
第二节　书籍出版
第三节　书籍设计
第四节　书籍发展史与影响力

第一节　什么是书？

关于图书的定义，古今中外，说法不一。随着人类社会的进步、科学技术的发展，图书定义的内涵和外延不断加深和扩大。

由于各方面的理解和需要不同，图书的定义各有侧重。例如，联合国教科文组织出于在世界范围内进行统计和分类的需要，将图书的定义概括为：凡由出版社或出版商出版的 49 页以上的印刷品，具有特定的书名和著者名，编有国际标准书号(ISBN)，有定价并取得版权保护的出版物，称为图书(book)。5 页以上、48 页以下的出版物称为小册子(pamphlet)。

我国的出版业把图书的定义概括为：图书是通过一定的方法与手段将知识内容以一定的形式和符号（文字、图画、电子文件等），按照一定的体例，系统地记录于一定形态的材料之上，用于表达思想、积累经验、保存知识与传播知识的工具。

记录有知识的一切载体，都可称为文献。图书是文献的一种类型。

第二节　书籍出版

一、什么是出版？

对出版活动内涵的理解不同，对出版学知识体系构架的认识也就不同。因此，中外出版界都很重视对出版内涵的研究，并形成了不同的认识。

日本学者认为，采用印刷术及其他机械的或化学的方法，对文稿、图画、照片等著作品进行复制，将其整理成各种出版物的形态，向大众颁布的一系列行为，统称为出版。

英国学者认为，出版是指向公众提供用抄写、印刷或其他任何方法复制的书籍、地图、版画、照片或其他作品。

美国学者认为，出版是指公众可获取的，以印刷物或电子媒介为形式的出版物的准备、印刷、制作的过程。

《世界版权公约》第六条给出版所下的定义是："以有形形式复制，并向公众发行的能够阅读或可看到的作品复制品"。

韩国学者认为，出版是以散布或发售为目的，把文稿、文书或图画、乐谱之类的作品印刷出来，使其问世、刊行的行为。

各国学者给出版所下的定义尽管在文字上稍有差别，但对出版活动本质特征的描述却十分接近。各国学者都认为出版活动的内涵由以下内容构成。

(1)出版是将已有的作品变为出版物的过程。

(2)原始作品必须经过一个大量复制的过程,形成一定的载体形式,成为出版物。

(3)通过一定方式使公众获得这些出版物,也是出版活动不可或缺的重要组成部分。

《编辑实用百科全书》提出了将作品转化为出版物要具备的四个条件:第一,经过编辑,具有适于阅读或吸取的内容;第二,具有一定的物质形式;第三,经过复制;第四,向公众发行,如出售、出租等。这可以看成是对出版活动内涵理解的代表性描述。

综合国内外专家对出版活动内涵认识的各种趋同化意见,出版活动的内涵可由以下基本特征构成。

(1)出版是对已有的作品进行深层次开发的社会活动。

(2)出版是对原作品进行编辑加工,使其具有适合读者消费的出版物内容的过程。

(3)出版是对加工好的已有作品进行大量复制,使其具有能供读者消费的一定载体形式的过程。

(4)出版包括将出版物公之于众的过程。

通过各种方式将大量复制的原作品广泛向读者传播,也是出版活动的重要内涵。从"出版"这一词汇在西方的演变来看,法语 publier 和英语 publish 均源自拉丁语 publicare,而拉丁语 publicare 的本义却是"公之于众"。可见,在赋予"出版"的众多含义中,"公之于众"的含义有着特殊的地位。

二、出版的功能

1. 政治功能

出版物作为一种重要的传播媒介,能够从五个方面影响受传者,也即广大读者的立场、观点和行为:一是可以为受传者提供支持固有立场、观点和行为的有关情况,从而增强受传者的固有观念;二是在争议不大且没有外部因素干扰的问题上,重复传播内容能直接改变受传者的行为;三是只要善于把一种新观点同受传者的原有价值观和需要联系起来,就可以使受传者在不改变原有立场的情况下接受新观点;四是为受传者提供证明他基于某些需要和固有观念而采取行为的正确性的材料,支持受传者业已采取的行动;五是提供与受传者固有观念相联系的新情况,对受传者的思想和注意力起一种引导作用。

2. 文化功能

普遍提到的出版文化功能包括文化选择功能、文化生产功能、文化传播功能、文化积累功能。

文化选择功能是通过出版活动中的编辑工作环节来体现的。不论是对出版物选题的筛选,还是对某一部作品进行的具体编辑加工,都是去劣存优的文化选择过程。

文化生产功能是由出版物生产的性质所决定的。

文化传播功能是通过出版活动中的批量生产及出版物的广泛传播过程来实现的。批量生产为出版物的流通创造了条件,而流通则直接使蕴含于出版物中的知识信息得到广泛的传播。

文化积累功能是通过出版物为旧文化的保存与新文化的增长创造条件来实现的。在人类文化发展的历史上,出版物的产生、印刷术的发明、出版技术的改进以及图书流通的发展,都对旧文化的保存和新文化的增长起到了巨大的推动作用。

出版活动正是通过发挥文化选择、文化生产、文化传播及文化积累等功能,对人类文明的进

步和社会文化的发展产生了巨大的推动作用。

3. 经济功能

出版活动的经济功能可概括为三个方面：一是产值构成功能，出版活动能向社会提供出版物或出售版权，直接创造产值，构成国民经济总产值的重要部分；二是经济促进功能，出版活动能传播知识，提高劳动者的素质，促进社会生产力的发展；三是经济服务功能，出版活动能传递信息，为经济决策与管理提供信息服务。

4. 社会功能

这里所指的社会功能，仅指出版活动对社会环境产生的作用。出版活动的社会交流功能，主要表现为出版物作为一种重要的信息媒介，能在社会成员之间进行广泛的信息交流与沟通。

5. 教育功能

出版活动的教育功能体现在以下几个方面：首先，出版物所具有的教育价值及其对智力发展的影响对于那些没有机会接受良好教育的人来说，起到了等同于学校教育的作用；其次，正规或非正规的学校教育同样需要出版活动的参与，出版活动为学校提供了作为三大教育支柱之一的教材；最后，出版活动在现代社会的普遍存在，营造了一种新的具有教育意味的环境。

6. 娱乐功能

娱乐是人们不可缺少的一种精神需求。许多人阅读图书的一个重要动机，就是要从图书内容中得到娱乐、消遣和休息。图书可以寓教于乐。生活在广大农村和边远地区的读者，文化生活比较枯燥，在紧张的劳动之余，读读文艺小说、故事，可以获得愉悦，消除疲劳。

第三节　书籍设计

鲁迅是我国现代书籍设计艺术的开拓者和倡导者，"天地要阔、插图要精、纸张要好"是他对书籍设计的基本要求。他特别重视对国外和国内传统装帧艺术的研究，还自己动手，设计了数十种书刊封面，如《呐喊》《引玉集》《华盖集》等。其中，《呐喊》的设计强调红白、红黑的对比，形式简洁，有力地衬出了作品的内在精神气质。

第四节　书籍发展史与影响力

一、文字创造

1. 新的发现

文字的起源与发展有一个过程。目前，学术界公认的成熟汉字是商代甲骨文，但甲骨文形成之前应当还有较为成熟的文字出现。

双墩文化的发现表明,早在约7300年前,淮河中游地区就已显露出早期文明的曙光。

刻划符号基本上都刻划在陶碗的圈足内,仅有少数刻划符号刻划在陶碗的腹部或其他器物的不同部位。600多件陶器上有大量逼真的象形动物刻划符号,以鱼纹、猪纹为多,还有鹿、蚕、鸟、虫的形象。这类刻划符号是一定地域范围内氏族群落之间表达特定含义的记录符号。

双墩文化刻划符号如图1-1所示。

2. 楔形文字

苏美尔文明的一个重要特征是文字的发明和使用。考古学家在基什附近的奥海米尔土丘发现了一块约公元前3500年的石板,上面刻有图画符号和线形符号。这是两河流域南部迄今所知最早的文字。两河流域书写的材料是用黏土制成的半干的泥版,笔是用芦苇秆(或骨棒、木棒)做的,削成三角形尖头,用它在半干的泥版上刻压,留下的字迹笔画很自然地成了楔形,因此称之为楔形文字。写好的泥版晾干或烧干后可长期保存。苏美尔人所创造的楔形文字,被后来的阿卡德人、巴比伦人、亚述人承袭,并随着商业和文化交流的扩大而传播到整个西亚。苏美尔泥版上的楔形文字及其用笔如图1-2所示。在图1-2中,A所示是约公元前3000年以前使用的早期形式的芦管笔,B所示是约公元前3000年以后使用的笔的可能形状。

图 1-1

 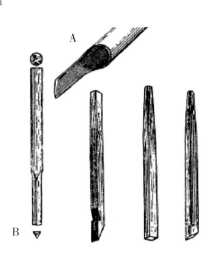

图 1-2

楔形文字传播的地区主要在西亚和西南亚。在巴比伦人和亚述人统治时期,楔形文字有了更大的发展,词汇更加丰富和完备,书法也更加精致、优美。随着文化的传播,两河流域其他民族也采用了这种文字。公元前1500年左右,苏美尔人发明的楔形文字已成为当时国家交往通用的文字体系,连古埃及和两河流域各国外交往来的书信或订立条约时也都使用楔形文字。后来,伊朗高原上的波斯人由于商业的发展,对美索不达米亚的楔形文字进行了改进,把它逐渐变成了字母文字。

3. 古埃及圣书体

另一种广为人知的象形文字,是古埃及的象形文字——圣书体。约5000年前,古埃及人发明了一种图形文字,史学界将这种文字称为象形文字。象形文字一般由3种符号构成:图像符号、表音符号、限定符号。这种文字十分精细繁杂,写起来既慢又很难看懂,因此大约在3400年前,古埃及人又创造了一种写得较快并且较易使用的字体。这种字体因最早由僧侣使用,故被称为僧侣体。再后来,公元650年左右,更为简便的、有更多连笔笔画的书写体开始流行,这就是通俗体。

古埃及圣书体在公元425年后开始衰亡。古埃及象形文字是现代罗马文字的起源。古埃及壁画中的圣书体文字如图1-3所示。

4. 甲骨文

甲骨文,是商代(公元前1600—前1046)的文化产物,至今有3600多年的历史。这些文字因为刻在兽骨或龟甲上,故名兽骨龟甲骨文。文字是以契刀刻划的,故又名契文、契刻。它已经是一种相对定形,并且书写熟练、非常成熟的文字了。它的文辞的内容除了关于占卜某时某日的吉凶、祭祀(常卜要杀多少人和多少牛、羊、犬等牲畜)、征伐、狩猎和年成的丰欠以外,还有占卜天气风雨、出行、生育、孩子、疾病等。人们使用毛笔和小铜刀,把文字书写、刻划在龟甲或兽骨上,当时所用材料大部分是乌龟的腹甲以及牛的肩胛骨,后人于是合称为甲骨文,也称为卜辞或贞卜文字。甲骨文多数由上而下直行书刻,这种方式仍是今日中文常用的一种格式。此外,因为甲骨文字出土于河南省安阳市,该地原来是殷代古都,所以甲骨文字又称为殷墟文字。甲骨文如图1-4所示。

图1-3

书籍装帧设计(第三版)

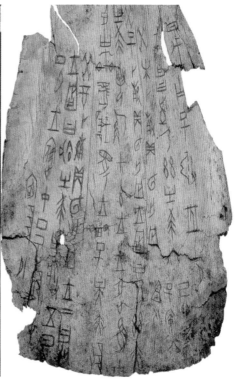

图 1-4

5. 腓尼基字母

大约在公元前 2000 年,腓尼基人创造了人类历史上第一批字母文字,共 22 个字母(无元音)。它是腓尼基人用以书写腓尼基语的文字。腓尼基语是一种北闪族语言。腓尼基字母被认为是当今所有字母的祖先,起源于古埃及的象形文字——圣书体文字。在西方,它派生出希腊字母,希腊字母又发展为拉丁字母和斯拉夫字母。而希腊字母和拉丁字母是所有西方国家字母的基础。在东方,它派生出阿拉美亚字母,由此又演化出印度、阿拉伯、希伯来、波斯等民族字母。腓尼基字母与希伯来字母和阿拉伯字母一样,都是辅音字母,没有代表元音的字母或符号,字的读音需根据上下文推断。

由于字母本来是刻在石头上,所以多数字母都是直线形和方形的,就像古日耳曼字母一样。之后一些曲线形的版本使用增多,特别是罗马时代的北非新迦太基字母。腓尼基语通常由右到左书写,而有些文字使用了左右往复书写法(又称耕地写法)。

腓尼基字母泥版如图 1-5 所示。

图 1-5

图 1-6

6. 玛雅文字

玛雅文字是中美洲玛雅人的古文字。出土的第一块以玛雅文字记载日期的石碑是公元 292 年的产物，发现于提卡尔。起初，玛雅文字只流传于以贝登和提卡尔为中心的小范围地区。5 世纪中叶，玛雅文字才普及到整个玛雅地区，当时的商业交易路线已经确立，玛雅文字就是循着这条路线传播到各地。

玛雅人所使用的 800 个象形文字，已有四分之一左右被科学家解译了出来。这些文字主要代表一周各天和月份的名称、数字、方位、颜色以及神祇的名称。

玛雅文字符号的外形很像小小的图画，实际上象形作用早已丧失。玛雅文字中有表示整个词义的意符，但是大多数符号是不表意义、只表声音的音符。玛雅文字一直应用到 16 世纪，使用时间在 1500 年以上。之后由于西班牙的入侵，玛雅文字惨遭毁灭。现存的玛雅文书卷有马德里抄本、巴黎抄本和德累斯顿抄本三个残本，此外还有不少石柱碑铭文和古器物铭文。写有玛雅文字的石碑和石壁如图 1-6 所示。

二、最初的文字载体

文字必须通过一定的书写载体才能保存下来。在纸出现以前，充当这类载体的不仅有石头，还有黏土泥版、龟甲、骨头、陶片、蜡版、木板、竹简、棕榈叶、动物毛皮以及各种金属等。

1. 石头

在石头上刻成的书被认为是经久不衰的。4000 年前古埃及人在庙宇及坟墓墙壁上刻写全部的历史，并一直保存至今。即使在今天，人们仍将重要的文字刻于石碑之上。

古埃及庙宇墙壁上的文字如图 1-7 所示。

2. 泥版

公元前 2500 年左右，尼尼微成了美索不达米亚地区的文化中心之一。亚述巴尼拔国王统治时（公元前 7 世纪）的图书馆保存有大量楔形文泥版文书，包括宗教铭文、文学作品和科学文献。

楔形文泥版文书如图 1-8 所示。

图 1-7

图 1-8

3. 竹木

竹木的使用大约始于我国周代,直至晋代废止不用,使用时长达千年以上。竹木被使用后,古代的书籍开始具有了一定的形体,并形成一种制度——简册制度。竹木经过精心的修剪、分割、炮制,成为拇指宽的长方形竹片,在其上用笔蘸墨书写文字,形成了真正意义上的书,称为简书。

竹简如图 1-9 所示。

图 1-9

4. 蜡版

蜡版是由罗马人发明的，一直沿用到法国大革命时期。制作蜡版书要先用木板做成书框，框中填满黑色或黄色的蜡。书框两头有洞，可以将多片蜡版串联起来装订成书。书写工具为铁质的尖笔，笔的另一头是圆的，可以用来抹去写错的字。

蜡版如图 1-10 所示。

5. 绢帛

帛书又称缯书，是中国古代将文字、图像及其他特定的符号写绘于丝织品上的书籍形式。以白色丝帛为书写材料可以追溯到春秋时期，最早、完整的白色丝帛书为长沙子弹库战国楚帛书，现今存于美国大都会艺术博物馆。该帛书上写有墨书楚国文字，共 900 余字，奇诡难懂，附有神怪图形，一般认为是战国时期数术性质的佚书，与古代流行的历忌之书有关。帛书是纸还未发明之前重要的书写物料。

长沙子弹库战国楚帛书如图 1-11 所示。

图 1-10

图 1-11

图 1-12

6. 青铜

我国古代青铜器上常铸或刻有文字,这些文字通常称为铜器铭文,文字研究家常称之为金文、钟鼎文。它上承甲骨文,下启篆、隶、楷,字体构造有象形字、指事字、会意字及大量的形声字,而内容更准确地表现了当时的社会、政治、生活内容。例如:西周利簋有大篆字体的铭文4行32字,记载了武王伐纣的史实,留下了牧野之战的准确时间;倗匜器内和盖上共铸有铭文157字,是我国目前所见到的最早的一篇内容完整的法律诉讼判决书;毛公鼎有铭文499字,是现存的人类最早、最美的庙堂典章文学;散氏盘有铭文357字,是我国目前发现的最早的外交合约文件。

青铜器上铸刻的文字如图1-12所示。

三、书籍的衍生

1. 纸莎草纸卷轴

纸莎草纸是古代使用最广的一种文字载体,公元前3000年左右在古埃及出现,很快形成垄断并流行起来,出口到整个地中海地区。由于它难以折叠,不能正反两面都书写,因而最初都采用卷轴的形式,将薄片重叠粘贴、连接起来,卷在木棒上。这些书卷可达10 m多长,每栏有25～45行不等。卷轴的出现使阅读变得复杂,读者在展开卷轴一端的同时要卷起另一端,且必须连续阅读,十分不便。

产生于公元前1650年左右的《莱因德纸草书》(见图1-13)是古埃及数学最重要的文件。该手稿高33 cm,长超过500 cm。

图 1-13

随着折叠纸莎草纸手抄本的出现，书籍开始接近现代形式。

2. 德累斯顿抄本

在美洲，目前破译的唯一完整的文字书写系统是玛雅脚本。玛雅人和在中美洲地区的几个其他文明一起，利用 amatl 纸建立了手风琴式的写作风格。可惜的是，几乎所有的玛雅文书卷都在文化和宗教殖民化期间被西班牙摧毁了，德累斯顿抄本（见图 1-14）是幸存的一个残本。

3. 羊皮纸

公元 2 世纪，帕加马开始局部使用羊皮纸，发展羊皮纸产业，书籍的制作不再依靠埃及供应的纸莎草纸。羊皮纸经久耐磨，取放方便，可以正反两面书写，并可让墨色更加饱满。羊皮纸书相对比较昂贵，出于经济方面的考虑，在某些抄本被认定过时后，会将羊皮纸上的原有文字刮掉，重新利用羊皮纸。羊皮纸书在西方流传开来，到中世纪羊皮纸成为书写的基本载体。

图 1-14

4. 图书馆的出现

在古代,书籍只是朗诵者、演员、歌手用于记忆的辅助手段。到了公元前 5 世纪,为了满足个人的需要,贵族直接或指派他们的奴隶传抄书籍。在希腊化时代,涌现了大型图书馆,亚历山大城的图书馆收藏有 70 多万卷图书,不仅收藏和整理各种图书、文献,还是图书、翻印书出版中心。

5. 图书出版

在古罗马时期,出版书籍的地方就是抄书的手工作坊。专业的出版商拥有一批经过专门训练的、有知识的奴隶,可以指派他们把古老的名著或创新的作品抄写成书。在奥古斯都统治时期,书籍的出版和销售得到了大规模发展,出版业应运而生。出版业承担了出版和推销作品的任务。在古罗马乃至世界出版史上,阿提库斯都是最杰出的出版商之一。

四、欧洲中世纪时期的图书

1. 册子本

公元 1 世纪左右,希腊人首创了手抄本形式的册子书籍。书籍从卷轴形式发展成为册子本形式,是书籍历史上的第一次革命。新的折叠书本呈对折形式,每 25 张合成 1 册,用厚重模板制成封面加以保护。此种形式延续了几百年,后来为了便于阅读,在书籍表面涂上蜡,并用铁圈串装成册,与现代的圈装本极为相似。随着册子本的出现,书籍封面也出现了,并成为书籍的重要组成部分。

2. 宗教与书籍

公元 6—8 世纪,整个欧洲大规模兴建修道院。在印刷业还没有出现的中世纪,图书的增加只能依靠抄写来实现。大型修道院如瑞士的圣高尔修道院,拥有整套的抄本图书生产线,从最初的羊皮纸制作,到最后的书籍装订,都有参与,并在一定程度上扮演了出版社的角色。僧侣和修道士成为抄写员。这些抄写员尽管不是亲笔著书的作家,但却身兼书法家、美术装饰家、画家、装帧家的职责,是优秀的艺术创作者。这个时期产生了精美的手抄本图书。

中世纪初,修道院是重要的文化中心,不同于古代图书馆,很少受到政权更迭的影响,保存着部分高度发达的文化遗产,并为正在酝酿萌发的新文明提供了模式和方向。

3. 大学教育的兴起

中世纪的学校最初大多是由教会创办的,主要培养神职人员和国家公务员。随着人们对知识的渴求欲望的增长,从 12 世纪开始,中世纪最初的一批大学陆续建立。中世纪的大学促使大量传统文化和知识体系得到完善与保存,推动了市民阶层的兴起,从而推动大批图书客户的出现,促使书籍的需求量增加,使图书行业焕发出生机。12 世纪末,大学的兴起促使图书馆的功能发展到教育和知识存储、传播上来。

五、印刷术

西汉初年,国内政治稳定,人们思想活跃,对文化传播工具的需求旺盛,于是纸作为新的书写材料应运而生。东汉元兴元年(105 年),蔡伦改进了造纸术。他用树皮、麻头、破布、旧渔网等作为原料,经过锉、捣、抄、烘等工艺制造的纸,是现代纸的渊源。自从造纸术发明之后,纸张便以新的姿态进入社会文化生活之中,并逐步在中国大地传播开来,以后又传布到世界各地。造纸术是

书写材料的一次革命。纸便于携带,取材广泛,推动了中国、阿拉伯、欧洲乃至整个世界的文化发展。西汉麻纸如图1-15所示。

雕版印刷的发明时间,历来是一个有争议的问题。经过反复论证,大多数专家认为雕版印刷的起源时间在公元590—640年之间,也就是隋朝至唐初。现已有唐初的印刷品出土。1900年,在敦煌千佛洞里发现一本印刷精美的《金刚经》,它的末尾题有"咸通九年四月十五日"等字样。这是目前世界上最早的有明确日期记载的印刷品。雕版印刷一版能印几百部甚至几千部书,对文化的传播起到了很大的作用,但是刻板费时费工,大部头的书往往要花费几年的时间,且版片存放又要占用很大的空间,而且版片常会因变形、虫蛀、腐蚀而损坏。

唐代雕版印刷品《金刚经》(见图1-16),是现今保存于世的最早的有明确出版日期的雕版印刷品。

在西欧,第一部木刻书约产于1430年。木刻书数量不多,现今仍然存在的木刻书总数不超过250部。大多数木刻书是普通的宗教教理书。在欧洲,最老的、以雕刻铜版印刷的书籍溯源于约1440年,已知第一本此种书是在1476年由薄伽丘(Boccaccio)出版的法文翻译本,名为"De Casibus Virorum Illustrium"(名人故事),由科拉德·曼逊(Colard Mansion)在布鲁吉斯(Bruges,意大利港埠)印刷。

图 1-15

图 1-16

图 1-17   图 1-18

在中国,公元 1041—1048 年,平民出身的毕昇用胶泥制字,一个字为一个印,用火烧为陶质,进行排版印刷。活字制版避免了雕版的不足,只要事先准备好足够的单个活字,就可随时拼版,大大地缩短了制版时间。活字版印完后,可以拆版,活字可重复使用,且活字比雕版占用的空间小,容易存储和保管,提高了印刷的效率。毕昇的发明并未受到当时统治者和社会的重视,没有得到推广,但是流传下来了。活字版如图 1-17 所示。

在中国发明的雕版印刷和活字印刷的影响下,公元 1445 年,德国人约翰·古腾堡制成了铅活字和木制印刷机。当时,中国和朝鲜早已出现了铅活字,但古腾堡不仅使用铅、锡、锑来制作活字,而且还制作了铸字的模具,因此制作的活字比较精细,使用的工具和操作方法也很先进。他还创造了压力印刷机,研制了专用于印刷的脂肪性油墨。古腾堡凭借这一系列的创造发明,成为举世公认的现代印刷术的奠基人。他所创造的一整套印刷方法,一直沿用到 19 世纪。西方各国以此为先导,在文艺复兴和工业革命的推动下,开创了以机械操纵为基本特征的世界印刷史上的新纪元。

42 行本《圣经》第一版的书页如图 1-18 所示。

六、书籍的发展

从古腾堡开始,印刷术进入实用阶段,手抄本技术逐渐衰落。世界图书印刷业诞生于中世纪的德国,于 1463 年传入意大利并臻于成熟。从 1466 年起,印刷书籍开始在巴黎出售。进入市场的书籍必须保证高质量,这就要求构建一张集销售、发货、付款于一体的专业销售网。印刷业转变为一门资金集中的行业,15 世纪以来图书制作成为以投资为中心、组织结构严密的工作。这种模式一直沿用到 19 世纪。在 19 世纪,出现了专门的发行商。

图书业在发展之初就显示出强大的生命力和多样性,且竞争激烈。印刷商在书籍的末页提上署名,或是添加补白花饰,使书籍更加美观。书籍上除了标出书名外,还印有印刷时间和地点、

印刷商姓名和印章,以及一小段由专职作家撰写的广告。约1480年,末页的信息开始与书名、作者姓名一起出现在书本的首页。出版者名录和图书目录也几乎同时产生。

随着图书递送业务的展开,图书在贸易渠道上推销的效率逐渐提高,并出现了定期的图书交易会,法兰克福一年一度的大型图书交易会迄今仍在举办。1466年,以传单或单页印刷品为形式的图书广告问世。印刷业的出现和发展、图书的广泛传播对民族语言和文学起到促进、统一和保护的作用。

在文艺复兴时期,威尼斯是平面设计和印刷设计的中心,这个时期的抄本都广泛采用花卉图案,文字外部全都用这类图案装饰。后来逐步发展为将文本和图像结合起来编辑,使得图版书成为这个时期出版业的特点。

16世纪20年代之后,图书面貌和形式发生了很大的变化。文本层次形成,标点符号出现,在作品末尾添加作者名、译者名、印刷者名以及印刷时间和地点,突出书名,版权页诞生,出版商添加商标。版权页和插页成为全书的一部分,书眉上印制书名,页码使用阿拉伯数字。

在欧洲印刷技术从雕版印刷向活字印刷发展的过程中,版权保护制度应运而生。《版权法》的颁布成为英国出版业的一个转折点。它是世界上第一个保护出版性质的法令,不仅是对出版者权利的保护,而且是首次对作者权利的保护。直至18、19世纪,美国、法国、德国、意大利等国家相继建立起各自的著作权保护制度。

现代意义上的畅销书起源于美国,而在17世纪出现的所谓畅销书,范围更为广泛,导致了出版者和书商职能角色的分离。在文艺复兴后期,初级学校开始出现。随着学前教育的推广普及,通用的教科书数量迅速增加。

19世纪,随着一系列技术的发展,出版业开创了新纪元。具备阅读能力的人越来越多,人们渴望获得更加丰富的信息,于是读者群迅速扩大,从学术著作到青少年读物,各类书籍迅猛增加。商人们开始出版销售专门针对大众读者的平装书,出版者日益习惯发行装订成册的书籍。1820年以后,布质书皮开始代替皮革书皮,成本随之降低。此外,交通的发展促使发行量扩大,铁路旅行推销大大促进了书籍的普及。

第二章

书籍的整体设计

第一节　书籍的形态

第二节　书籍的结构

第三节　护封/封套设计

第四节　书籍版式设计

第五节　书中的文字

第六节　图书的导航

第七节　书籍外包装设计

| 第一节　书籍的形态

一、书籍的开本

1. 开数与开本

在不浪费纸张、便于印刷和装订生产作业的前提下，把全张纸裁切成面积相等的若干小张，以开数表示；将它们装订成册，以开本表示。

对一本书的正文而言，开数与开本的含义相同，但以它的封面和插页用纸的开数来说，因面积不同，开数与开本的含义不尽相同。通常将单页出版物的大小称为开张，如报纸、挂图等分为全张、对开、四开和八开等。

由于国外与国内的纸张幅面有几个不同规格，因此虽然它们都被分切成同一开数，但规格的大小却不一样。尽管装订成书后，它们都统称为多少开本，但书的尺寸却不同。例如，目前16开本的尺寸有 188 mm×265 mm、210 mm×297 mm 等。在实际生产中，通常将幅面为 787 mm×1092 mm 的全张纸称为正度纸；将幅面为 889 mm×1194 mm 的全张纸称为大度纸。由于 787 mm×1092 mm 纸张的开本是我国自行定义的，与国际标准不一致，因此这种开本是一种需要逐步淘汰的非标准开本。由于国内造纸设备、纸张及已有纸型等诸多原因，目前这两个标准仍处于共存阶段。

目前大度纸裁切规格为大16开本 210 mm×297 mm 、大32开本 148 mm×210 mm 和大64开本 105 mm×148 mm；正度纸裁切规格为16开本 188 mm×265 mm、32开本 130 mm×184 mm、64开本 92 mm×126 mm。

2. 常用纸张开切

印刷纸的长宽尺寸虽然是由国家主管部门规定的，但并非简单的人为规定，而是有科学依据的：第一，要保持采用常规开法时，印制出的各种印刷品形状美观，避免印出的书籍呈正方形或窄长条形，从而给人以不协调的感觉；第二，要保持采用几何级数开法时，不同开数（如16开和32开）的书籍形状相似。

从追求印刷品形状美观的角度来看，纸张及成书使人感觉最合适的长宽比是所谓的黄金比。黄金比即长：宽 = 1：0.618。

要保持不同开数的书籍形状相似，就要研究纸张的开切（或折叠）方法。纸张一般按对半裁切的方法裁截。裁切（或折叠）后的长就是裁切前的宽，要想保持裁切后和裁切前形状相似，就必须保持裁切前的长 a 与宽 b 之比，即要求 $a：b = b：(a/2)$，这就是说，要使32开书籍的形状与16开、64开书籍的形状保持相似，就必须使纸张尺寸的长与宽之比接近于 1.414：1。

国外不少国家都采用这个长宽比，如日本平版纸的幅面为 841 mm×1189 mm。我国采用的国际通用尺寸为 880 mm×1230 mm。

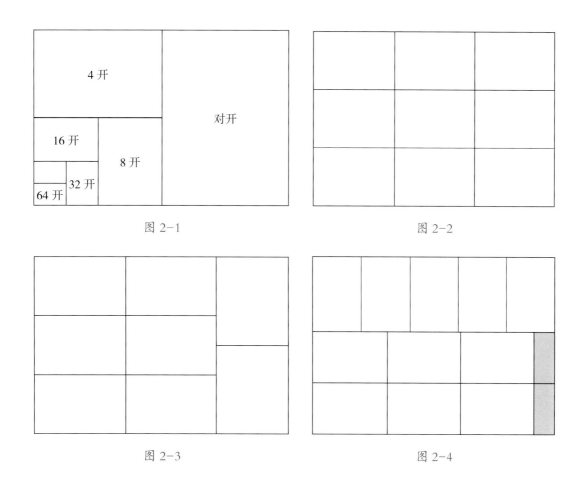

图 2-1

图 2-2

图 2-3

图 2-4

开本一般根据书籍的性质、页码多少、读者层次、使用条件等因素来确定,没有一定的硬性规定。书籍、期刊的开本,大多数是2的几何级数,这样便于在装订时使用机器折叠成册。

未经裁切的纸称为全张纸,将全张纸对折裁切后的幅面称为对开或半开,把对开纸再对折裁切后的幅面称为四开,把四开纸再对折裁切后的幅面称为八开,……。全张纸裁切方法如图 2-1 所示。

通常纸张除了按2的倍数裁切外,还可按实际需要的尺寸裁切。纸张不按2的倍数裁切时,按各小张横竖方向的开纸法又可分为正切法和叉开法两种。

正开法是指全张纸按单一方向的开法,即一律竖开或者一律横开的方法,如图 2-2 所示。

叉开法是指全张纸横竖搭配的开法,如图 2-3 所示。叉开法通常用在用正开法裁纸有困难的情况下。

除以上介绍的正开法和叉开法两种开纸法外,还有一种混合开纸法(见图 2-4)。它又称套开法、不规则开纸法,是指将全张纸裁切成两种以上幅面尺寸的小纸。这种方法的优点是能充分利用纸张的幅面,尽可能使用纸张。混合开纸法非常灵活,能根据用户的需要任意搭配,没有固定的格式。

3. 常用纸张开本规格

一般来说,比较权威的文献资料或社会名流的作品,往往采用幅面尺寸为 850 mm×1168 mm 的大规格纸,一般小说和其他普通书籍则大多采用幅面尺寸为 787 mm×1092 mm 的标准规

格纸。另外还有一种国际上比较通用的规格 880 mm×1230 mm，我国已将其正式列入国家标准。常用纸张开本规格如表 2-1 所示。

表 2-1

开本	787 mm×1092 mm	850 mm×1168 mm	880 mm×1230 mm	889 mm×1194 mm
	书籍幅面 /（mm×mm）			
全开	781×1086	844×1162	874×1224	883×1188
2 开	781×543	844×581	874×612	883×594
4 开	390×530	422×581	437×612	441×594
8 开	390×271	422×290	437×306	441×297
16 开	195×271	211×290	218×306	220×297
32 开	135×195	145×211	153×216	148×220
64 开	135×97	105×145	109×153	110×148
80 开	108×97	105×116	109×122	110×118

注：成品尺寸 = 纸张尺寸—修边尺寸。

二、书籍的装订形式

（一）传统型书籍装订

1. 旋风装

旋风装亦称旋风叶、龙鳞装。唐代中叶已有此种形式。旋风装由卷轴装演变而来，也是由卷轴装向册页装发展的早期过渡形式。旋风装书形同卷轴书，它由一长纸做底，首页全幅裱贴在底上，将第二页右侧无字处用一纸条粘连在底上，其余书页逐页向左粘在上一页的底下。书页鳞次相积，阅读时从右向左逐页翻阅，收藏时从卷首向卷尾卷起。这种装订形式的特点是便于翻阅，利于保护书页。

故宫博物院藏有唐写本《刊谬补缺切韵》五卷，即是采用这种装订形式，如图 2-5 所示。

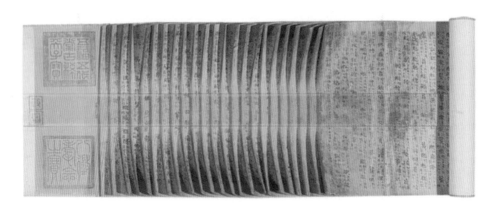

图 2-5

2. 经折装

经折装,也叫梵夹装,是图书装订形式之一。它是从卷轴装演变而来的,卷轴书展开和卷起都很费时,改用经折装后,较为方便。具体做法是:将一幅长卷沿着文字版面的间隔中间,一反一正地折叠起来,形成呈长方形的一叠,在首末两页上分别粘贴硬纸板或木板,如图2-6所示。佛教经典多用此式。凡采用经折装的书本,都称折本。

3. 蝴蝶装

蝴蝶装大约出现在唐代后期。雕版印刷的书籍出现以后,特别是进入宋代雕印书籍盛行以后,书籍生产方式发生了变化,引起书籍装帧方法和形式也相应发生变化。蝴蝶装简称蝶装,又称粘页,是早期的册页装。蝴蝶装出现在经折装之后,由经折装演化而来。它是指把书页按中缝,将印有文字的一面朝里对折起来,再以中缝为准,将全书各页对齐,用浆糊粘附在另一包装纸上,最后裁齐成册,如图2-7所示。采用蝴蝶装装订成册的书籍,翻阅起来如蝴蝶两翼翻飞、飘舞,蝴蝶装因此而得名。

4. 包背装

元代,包背装取代了蝴蝶装。包背装与蝴蝶装的主要区别是对折页的文字面朝外、背向相对。两页版心的折口在书口处,所有折好的书页叠在一起,戳齐折扣,在版心内侧余幅处用纸捻穿起来。用一张稍大于书页的纸贴书背,从封面包到书脊和封底,然后裁齐余边,这样一册书就装订好了。由于包背装的书口向外,竖放会磨损书口,所以包背装图书一般适于平放在书架上。采用包背装的书籍除了文字页是单面印刷,且每两页书口处是相连的以外,其他特征均与今天的书籍相似。包背装图书的装订及使用较蝴蝶装方便,但装订的手续仍较复杂,所以不久包背装即被另一种装订形式——线装取代。包背装如图2-8所示。

5. 线装

线装是用线将书页连同前后书皮装订在一起的装订形式。这种装订形式产生于明代中叶,是由包背装转化而来的。将每张书页对折,版心朝外,单边向内,然后将单边部分穿孔,用棉线或麻线装订。打四个孔穿线称四针眼订法,打六个孔穿线称六针眼订法,而打八个孔穿线称八针眼订法。它与包背装的主要区别是:①改纸捻穿孔订为线订;②改整张包背纸为前后两个单张封皮;③改包背为露背。

图 2-6

图 2-7

图 2-8

图 2-9

　　线装书出现后，线装这一类装订形式一直沿用至今。在工艺方法上，后来虽有不同程度的变化，但均未超出线装范围。线装书如图 2-9 所示。

（二）现代书籍装订

1. 平装

1）骑马订

　　骑马订（见图 2-10）是将印好的书页连同封面，在折页的中间用铁丝订牢的方法，适用于页数不多的杂志和小册子，是书籍装订中最简单方便的一种形式。

　　优点：简便，加工速度快，订合处不占有效版面空间，书页翻开时能摊平。

　　缺点：书籍牢固度较低，且不能装订页数较多的书，此外书页必须配对成双数才可行。

2)平订

平订(见图2-11)即将印好的书页经折页、配帖成册后,在订口一边用铁丝订牢,再包上封面的装订方法,用于一般书籍的装订。

优点:方法简单,双数和单数的书页都可以订。

缺点:书页翻开时不能摊平,阅读不方便;订眼要占用5 mm左右的有效版面空间,降低了版面利用率。

另外,平订不宜用于厚本书籍,而且铁丝时间长容易生锈折断,影响美观并致书页脱落。

3)锁线订

锁线订(见图2-12)又称串线订,即将折页、配帖成册后的书芯,按前后顺序用线紧密地串起来,然后再包以封面。

优点:既牢固又易摊平,适用于较厚的书籍或精装书;与平订相比,书的外形无订迹,且书页无论有多少都能在翻开时摊平,是理想的装订形式。

缺点:成本偏高,且书页也须成双数才能对折订线;书脊上订线较多,导致平整度较差。

4)无线胶订

无线胶订(见图2-13)又称胶背订,是指不用纤维线或铁丝订合书页,而用胶粘合书页的装订形式。对于经折页、配帖成册的书芯,用不同加工手段将书籍折缝割开或打毛,施胶将书页粘牢,再包上封面。无线胶订与传统的包背装非常相似。目前,大量书刊都采用这种装订方式。

优点:方法简单,书页能摊平,外观坚挺,翻阅方便,成本较低。

缺点:牢固度稍差,时间长了,胶会老化引起书页散落。

图 2-10

图 2-11

图 2-12

图 2-13

2. 锁线胶背订

锁线胶背订又称锁线胶粘订,是指装订时将各个书帖先锁线再上胶,上胶时不再铣背。采用这种装订方法装出的图书结实且平整,目前使用这种方法的图书也比较多。

3. 塑料线烫订

这是一种比较先进的装订方法,特点是书芯中的书帖经过 2 次粘合,第一次粘合是指将塑料线订脚与书帖纸张粘合,使书帖中的书页得以固定;第二次粘合是通过无线胶粘订将塑料线烫订的书芯粘合成书芯。采用这种办法订成的书芯非常牢固,并且由于不用铣背打毛,减少了胶质不良对装订质量的影响。在世界其他国家,这种装订技术应用较多。

4. 精装

精装是书籍出版中比较讲究的一种装订形式。精装书相比平装书用料更讲究,装订更结实。精装特别适合用于质量要求较高、页数较多、需要反复阅读且具有长时期保存价值的书籍,主要应用于经典、专著、工具书、画册等。精装书与平装书在结构上的主要区别是采用硬质的封面或外层加护封,有的精装书甚至还要加函套。

1) 精装书的封面

精装书的封面可运用不同的物料和印刷制作方法,彰显不同的格调,获得不同的效果。精装书的封面面料很多,除纸张外,还有各种纺织物、人造革、皮革等。

硬封面是把纸张、织物等材料裱糊在硬纸板上制成的,适用于放在桌上阅读的大型和中型开本的书籍。

软封面是用有韧性的牛皮纸、白板纸或薄纸板代替硬纸板制成的。轻柔的封面使人有舒适感,适用于便于携带的中型开本和袖珍本图书,如字典、工具书和文艺书籍等。

2) 精装书的书脊

圆脊(见图 2-14)是精装书常见的形式,脊面呈月牙状,以略带一点垂直的弧线为好,一般用牛皮纸或白板纸做书脊的里衬,有柔软、饱满和典雅的感觉,尤其是薄本书采用圆脊能增加厚度感。

图 2-14

图 2-15

平脊(见图 2-15)是用硬纸板做书脊的里衬,封面也大多为硬封面,整个书籍的形状平整、朴实、挺拔、有现代感,但厚本书(厚超过 25 mm)在使用一段时间后书口部分有隆起的现象,有损美观。

5. 其他装订形式

1)活页订

活页订是在书的订口处打孔,再用弹簧金属圈或螺纹圈等穿锁扣的一种装订形式。活页订单页之间不相粘连,适用于需要经常抽出来、补充进去或更换使用的出版物。活页订新颖美观,常用于产品样本、目录、相册等。

活页订示例如图 2-16 所示。

图 2-16

书籍装帧设计（第三版）

续图 2-16

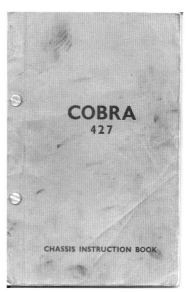

图 2-17

活页订的优点是：可随时打开书籍锁扣，调换书页，阅读内容可随时变换。

活页订的常见形式有穿孔结带活页装、螺旋活页装、梳齿活页装。

2) 铜扣精装

此装订形式又分为有书脊和无书脊两种，使用的铜扣尺寸会根据内页厚度做调整。采用铜扣精装时，装订边须预留 2.5 cm 左右，若未预留届时装订的一侧会有约 2 cm 的内容被夹住而看不到。铜扣精装一般应用于菜单、精致的画册。

铜扣的装订应用方式有多种，可制成有书脊的；也可将封面与封底分离，中间打两孔装铜扣；还可将铜扣只应用在封底与内页之间，封面上看不到铜扣，制作时依据"内页 + 封面"的厚度决定铜扣使用尺寸。

铜扣精装示例如图 2-17 所示。

(三)现代装订欣赏

现代装订欣赏如图 2-18 所示。

图 2-18

书籍装帧设计（第三版）

续图 2-18

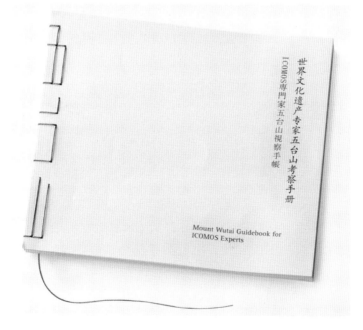

续图 2-18

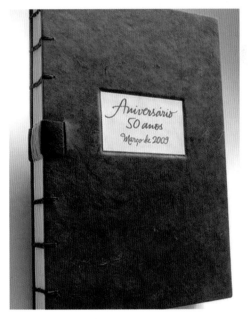

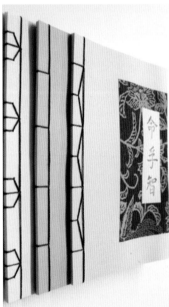

续图 2-18

第二节　书籍的结构

书籍结构如图 2-19 所示。

1. 封面

封面（又称封一、前封面、封皮、书面）印有书名、作者和译者姓名、出版社名，起着美化书刊和保护书芯的作用。

2. 封底

图书在封底（又称封四、底封）的右下方印统一书号和定价；期刊在封底印版权页，或用来印目录及其他非正文部分的文字、图片。

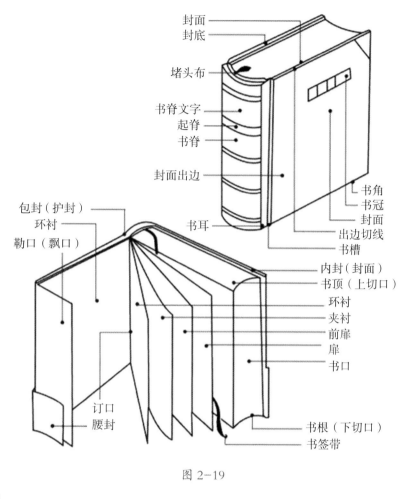

图 2-19

封面
封底
堵头布
书脊文字
起脊
书脊
封面出边
包封（护封）
环衬
勒口（飘口）
书耳
订口
腰封
书角
书冠
封面
出边切线
书槽
内封（封面）
书顶（上切口）
环衬
夹衬
前扉
扉
书口
书根（下切口）
书签带

3. 书脊

书脊（又称封脊）是指连接封面和封底的脊部。书脊一般印有书名、册次（卷、集、册）、作者姓名、译者姓名和出版社名，以便于查找。

4. 勒口

平装书的封面和封底（或精装书的护封）外切口一边多留出 30 mm 以上的向里折转的纸张部分称为勒口（又称飘口）。如今带有勒口的书籍越来越普遍，书籍勒口也越来越宽，甚至接近书封的侧胶部位。在前勒口上常常印上书的内容简介或简短的评论。在后勒口上可以印上作者的简历和肖像、作者的其他著作或这本书的同类书籍。

5. 环衬

环衬（又叫连环衬页、蝴蝶页）是封面与书芯之间的一张衬纸，通常一半粘在封面的背后，一半是活动的。环衬因以两页相连环的形式被使用而得名。书前的一张称为前环衬，书后的一张称为后环衬。设计环衬的目的在于加强封面和内芯的连接。

6. 扉页

扉页（又称里封面或副封面）是指在书籍封面或前衬页之后、正文之前的页面。扉页上一般印有书名、作者或译者姓名、出版社名和出版的年月等。扉页也起装饰作用，使书籍更美观。

7. 夹衬

衬在前环衬与扉页之间的空白页称前衬页,衬在正文末页与后环衬之间的空白页称后衬页。

8. 腰封

腰封(也称书腰纸)是包裹在图书封面中部的一条纸带,属于外部装饰物。它的高度一般相当于图书高度的三分之一,也可更大些;宽度则必须达到不但能包裹封面、书脊和封底,而且两边还各有一个勒口。腰封上可印与该图书相关的宣传、推介性文字。腰封的主要作用是装饰封面或补充封面的表现不足。腰封一般用牢度较强的纸张制作。

9. 护封

护封是一张扁方形的印刷品。它的高度与书相等,长度能包裹住封面、书脊和封底,并在两边各有一个 5~10 mm 向里折进的勒口。护封的纸张应该选用质量较好的、不易撕裂的纸张。

10. 切口

切口指的是书籍除订口之外的三个边。相对于毛边来说,这三个边是要加工切齐的。上边的切口叫作上切口,或称书顶;下边的切口叫作下切口,也叫书根。

第三节 护封/封套设计

书籍的封面具有三方面的作用:一是保护书籍内页不受损伤;二是充分表现书籍的主题;三是激发兴趣,刺激销售。有人言"不要通过封面来判断一本书",但读者的第一印象往往是决定性的。走进书店,书架上排满了各式各样的书籍,这时,封面是读者最先注意到的部分。读者在短短的几秒钟之内浏览成排的图书,对于书籍设计者来说,这几秒钟是至关重要的,它提供了一个将书籍销售给潜在读者的机会。在护封的设计上,设计者应尽可能地呈现作品的主体与风格,且迎合出版商的营销计划,并在满足前两个条件的前提下,独辟蹊径地寻求独特的创意与表现形式,为读者传递适当的、准确的、具有新鲜感与美感的视觉信息。

一、封面的表现形式

1. 写实的表现形式

写实也称作直接表现,是指用书中的具体情节或人物形象等直接展现书籍的内容。写实封面示例如图 2-20 所示。

2. 象征的表现形式

象征是指基于抽象思维的表现形式,运用联想、比喻、抽象等方法间接地体现书籍的内容。象征的巧妙运用,使封面设计更加耐人寻味,引起读者的兴趣。

3. 装饰的表现形式

装饰是指用与书籍内容精神相协调的线条、色块和装饰图案等来表现书籍的内容。这种表现形式适用于不宜用具体形象表达书籍内容的情况下。

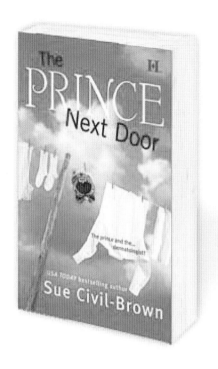
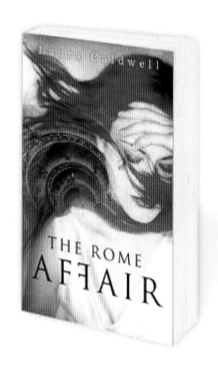

图 2-20

图 2-21

装饰封面如图 2-21 所示。

　　三种表现形式各有其特点,要依据书籍的类型、内容、风格做出适当的选择,也可根据情况综合使用。

二、封面的设计要素

1. 文字

　　文字是书籍封面必不可少的设计要素,如图 2-22 所示。一本图书总要有书名、作者名和出版社名,其中书名是封面文字部分的主要项目。书名可选用合适的印刷字体,也可按设计要求书写。这种书写的书名,一般叫作书题字。书名不仅在字面意义上帮助读者理解书籍内容,而且可

利用字体本身的特点加强书籍内容的体现和表达。

有的封面，没有任何具体形象，只有文字本身。通过对文字的大小、字体、形态、疏密、色彩等要素的调节即合理编排，也能设计出令人印象深刻且富有装饰性的封面，如图 2-23 所示。

书籍装帧设计（第三版）

图 2-22

图 2-23

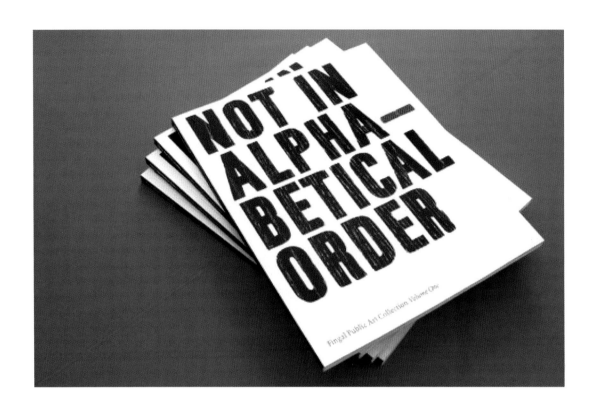

续图 2-23

书籍装帧设计（第三版）

续图 2-23

2. 图形、图像

如图 2-24 所示,书籍封面大部分都是由图形、图像和文字组合而成,通常图形、图像占据了相当大的比重。图形、图像的范围非常广泛,写实的照片、风格繁多的插图、抽象的线条等是封面设计常用的素材。

图 2-24

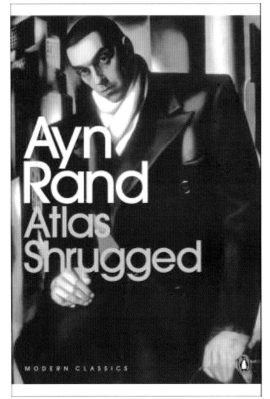

续图 2-24

续图 2-24

续图 2-24

续图 2-24

3. 色彩

　　色彩在封面设计中占有很重要的地位，读者往往先看见色彩，后看见文字和形象。封面的色彩处理要考虑与书籍内部的色调相协调。封面上的色彩可以更强烈一些和采用更多的对比方法，以增强冲击力和吸引力。封面上色彩的运用如图 2-25 所示。

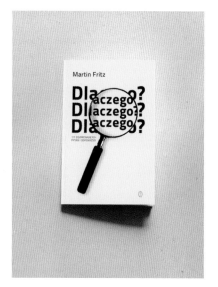

图 2-25

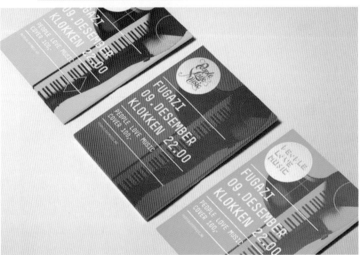

续图 2-25

4. 版式

如图 2-26 所示,版式设计就是把构思形成的形象在画面上组织起来。版式有各种各样的形式,如垂直的版式、水平的版式、倾斜的版式、曲线的版式、交叉的版式、向心的版式、放射的版式、三角的版式、叠合的版式、边线的版式、散点的版式等。这些形式为版面提供了大体上的骨架,设计者在骨架上具体安排文字和图形、图像等要素。适当运用对比,可以使版面产生变化,富有节奏感,并使各要素主次分明。当然,运用对比时,要注意各要素彼此之间的有机联系,在统一中寻求变化。

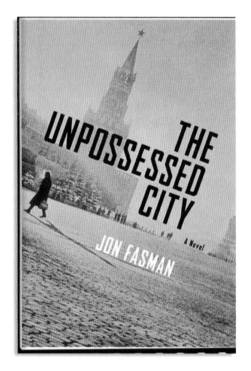

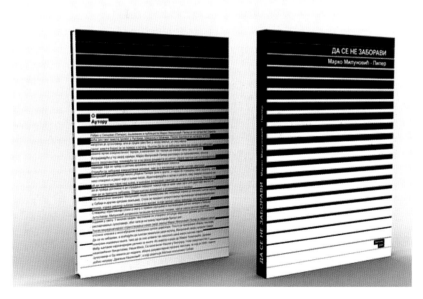

图 2-26

书籍装帧设计（第三版）

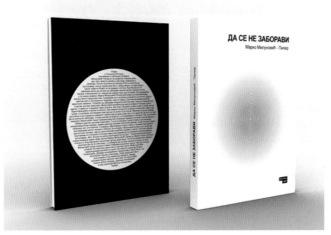

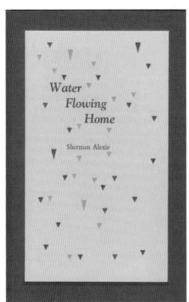

续图 2-26

续图 2-26

书籍装帧设计（第三版）

续图 2-26

三、护封各部分设计内容

护封（见图 2-27）设计并不是将单独设计的各部分简单地进行组合，而要考虑如何将封面、书脊、封底甚至勒口作为一个整体进行设计。另外需要提请注意的是，护封的每一部分都有其侧重表现的构成元素。

虽然下面所提及的元素并不都会在护封中出现，但在设计之初，设计者应该知晓哪些元素应出现在护封上。

图 2-27

1. 封面

一般封面有以下内容：

(1)图像；

(2)作品名称和副标题；

(3)封面文字；

(4)作者全名；

(5)出版社名称、标识；

(6)色彩。

2. 书脊

书脊上一般有：

(1)作品名称和副标题；

(2)作者全名；

(3)出版社名称、标识；

(4)图像；

(5)色彩。

3. 封底

封底上一般有以下内容。

(1)ISBN 条码。

ISBN 是国际标准书号，以条码形式标注在图书封底。国际标准书号的使用范围是印刷品、缩微制品、教育电视或电影、混合媒体出版物、微机软件、地图集和地图、盲文出版物、电子出版物。

(2)注册零售价格。

(3)内容简介或图书描述。

(4)评论者评论。

(5)作者简介。

(6)已出版作品目录或系列作品目录。

(7)图像。

4. 勒口

勒口上一般有以下内容：

(1)图书描述；

(2)评论者评论；

(3)作者简介；

(4)已出版作品目录或系列作品目录；

(5)图像。

5. 书籍护封 / 封面设计欣赏

书籍护封 / 封面设计欣赏如图 2-28 所示。

书籍装帧设计（第三版）

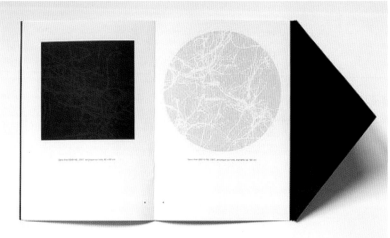

图 2-28

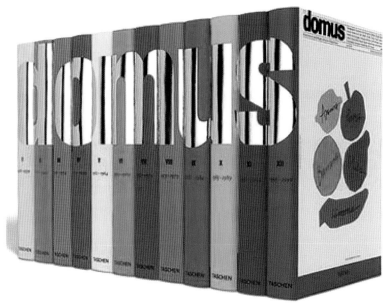

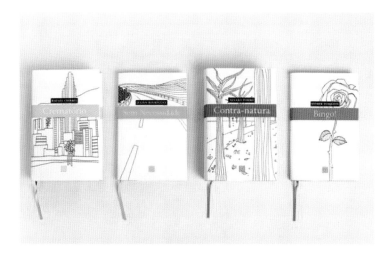

续图 2-28

书籍装帧设计（第三版）

续图 2-28

续图 2-28

第四节 书籍版式设计

书籍的版式设计是指在既定的开本上,对书稿的结构层次、文字、图表等要素做艺术而又科学的处理,使书籍内部的各个组成部分的结构形式,既能与书籍的开本、装订形式、封面等外部形式协调,又能给读者提供阅读上的方便和视觉享受。可见,版式设计是书籍设计的核心部分之一。

一、编辑结构

在书籍的编辑过程中,书籍的内容结构会因书籍类别、形式、内容的不同而不同,但是书籍基本的编辑结构还是有章可循的。这在帮助设计者规划图书布局和结构时是非常有用的。

书籍的编辑结构依照装订顺序可大致分为正文前、正文(主体)、正文后(结文)三部分。

1.正文前部分

正文前部分如图 2-29 所示。

书籍装帧设计（第三版）

前环衬
——以简单的、统一的色彩印刷，通常作为装饰。有的时候用图像，有的时候采用图书内容中的主题，还有的时候用视觉索引的形式（与地图集一样）
——与后环衬对应

卷首插画（引文页）通常只在右页
——包含作者姓名、书名、出版者、出版社名称、简单声明
——图像，通常没有标题

空白页
——空白，没有页码，但通常被计算在书页内

前扉页（引文页）
——传统上认为是和扉页相对比，在右页
——作者全名
——书名
——有需要的话还会有副标题
——出版社名称、出版社标识
——出版地，比如北京、伦敦、纽约
——第几册
——传统上有的时候还包括装饰性元素、规则等
——图像、照片、插图、图表等

标题反面（版权页）（左页）（引文页）
只有书名在右页的时候，才会如此。尽管顺序会有所不同，但通常包括如下因素：
——出版社标识
——出版社名称，合作出版者
——出版年份
——版权声明
——出版社地址、邮编
——出版社的联系方式，如电话、传真、邮箱
——开本、版次、印次、书号和定价等

扉页（引文页）单独右页或第一跨页
——作者全名
——书名，有需要的话还会有副标题
——出版者
——出版地
——出版年份
——图像

摘要
——给出了本书的内容梗概

作者名单（也有可能在页尾）
——多作者时，通常按照作者姓氏的拼音首字母或笔画顺序排列

致献（右页）
——对于对图书做出贡献的人的感谢的简单说明，通常是家人或朋友，可能还要表清生卒年

前言（右页）
——作品动机或作者构思起源，篇幅有时会是多页

图 2-29

序言（右页）
——作品动机或作者构思起源,通常由其他人而非作者本人撰写

空白页（可能出现）
——如果前言或序言在右页就结束,通常会留出空白页

目录页（引文页）
——章节编号和章节名
——页码。可能还包括使用了罗马数字或字母的开始页

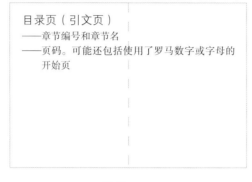

续图 2-29

2. 正文部分

正文部分如图 2-30 所示。

章节序言（右页或第一跨页）
——章节标题,数字有时候采用罗马数字
——副标题,有时候采用十进制数字
——引语
——图像,可能包括说明
——页码通常省略,但是在查询章节的时候,页码还是很有用的

章节结尾
——可能会包括所有前面提及的内容
——右页,结尾在左页
——第一跨页,结尾在上一个右页
——可能包括来源注释
——可能包括参考书目
——依赖于编辑的个人喜好,有可能还会包括图片目录;当然,也可以放在尾页部分

来源注释
——来源和参考资料被放在结尾部分,或者是每一章的结束

文献和推荐书目
——参考书、文章、论文、网站的目录
——包括作者、题目、出版者、出版日期和出版地,有时候还要注明 ISBN
——推荐阅读书目,有关主题内容的重新思考

图 2-30

附录（尾页）
——可能包括明显的和具体章节有关的细节信息，但是独立的，并且被放在附录位置，这样就不会干扰对章节的阅读

索引
——图片资料、照片和插图的资料来源和致谢
——作者对做出贡献的人、提供建议的人和编辑的感谢
——也可以把"致献"放在这里

后环衬
——以简单的、统一的色彩印刷，通常作为装饰。有的时候用图像，有的时候采用图书内容中的主题，还有的时候用视觉索引的形式（与地图集一样）

图 2-31

3. 正文后部分

正文后部分如图 2-31 所示。

二、页面结构

页面结构如图 2-32 所示。

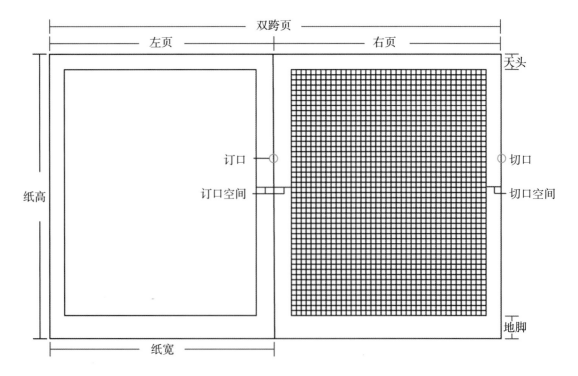

图 2-32

(1)纸宽、纸高:规定了纸张的大小。

(2)单页:装订在左边的单独一页。

(3)左页:通常标注偶数页码。

(4)右页:纸张的正面,通常标注奇数页码。

(5)双跨页:两张正面打开的纸被设计在一张纸上,内容跨越装订线排列。

(6)页眉:书页的顶部。

(7)页脚:书页的底部。

(8)天头:书籍中(含封面页)最上面一行字头到书籍上面纸边之间的部分。

(9)地脚:书籍中最下面一行字脚到书籍下面纸边的部分。

(10)切口:书页的外边缘。

(11)切口空间:文本区域的外部边缘到切口间的空间区域。

(12)订口:书籍订联的一边。

(13)装订空间:距离装订线最近的内部空间。

三、版面设计的原则

版面设计是书籍设计的核心部分,以文字、图形图像、色彩等诸多因素为造型语言。优秀的版面设计不但有利于阅读,而且版面的艺术处理与书籍的内涵有机地融合,可增加阅读的审美性、愉悦读者,加深读者的记忆和理解。

书籍的封面和内页都涉及版面设计,主要由文字和插图两种要素组成,而这两种要素以不同的排列形式出现在版面中,就会产生不同的视觉效果。

1. 对比与和谐

对比是对立与比较的概念,没有对比就不会有主次,运用对比可避免平淡,产生强烈的视觉效果。

图 2-33

和谐是指追求多样统一,是书籍版式的一种常用形式,通常指调节各部分之间形状、线条、色彩、运动方向等的对比关系,使各部分之间建立联系,达到协调一致的视觉效果。

对比与和谐的实例如图2-33所示。

2. 比例与分割

任何一个版面都是一个二维的平面。谈到二维平面上的版面安排,比例是最重要的因素之一。比例在版式设计中是最基本的艺术形式之一,体现了数学和设计之间的联系。合乎比例就是追求匀称,匀称就是美。

分割是整体与部分的一种结构关系。经过分割的各个部分之间不同的比例与分量,能够体现出主体与层次关系。分割是一种重要的版面设计方法。

熟悉各种版式分割的方法也将有助于设计者更好地培养并形成做决定的习惯方式。

黄金分割来源于自然现象,像鹦鹉螺的内部结构、许多树叶的生长方式等都体现了对数螺旋的数列特征。黄金分割比例被艺术家、建筑师、设计者不断地应用在自己的作品中,展现出他们对美的追求。

比例与分割的实例如图2-34所示。

图 2-34

图 2-35

3. 对称与均衡

对称是版面设计的一般规则,通常指版面的上下或左右相对应的结构形式,这是一种安全、稳重的结构。

均衡是指在结构版面中,以版面中心为支点,使版面的左右、上下诸要素通过对面积、距离、饱和度、外形等的调节在视觉上呈现出平衡感。

对称与均衡的实例如图 2-35 所示。

4. 节奏与韵律

节奏是指按照一定的条理秩序,重复地、连续地排列重现,形成一种律动。

韵律是节奏富于变化的形式,是在节奏中注入个性化的变异形成的丰富有趣的反复与交替。

节奏与韵律的实例如图 2-36 所示。

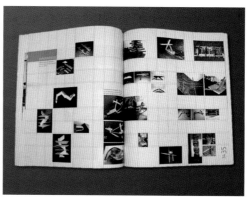

图 2-36

图 2-37

5. 实体与空白

在版面中，内容可以理解为实体；实体以外的空间是空白，也可以看作是隐性的形体。实体与空白相互依存，共同决定版面的整体效果。

实体与空白的实例如图 2-37 所示。

四、网格

网格是书籍版式设计最先体现构想的标准化系统。提前设置网格有助于印刷页面的分割和整合。网格使得所有的设计因素——文字、图像及其他要素之间达到协调一致成为可能。网格设计就是把秩序引入设计中的一种方法。它的特征是重视比例感、秩序感、连续感、清晰感、时代感、准确性和严密性。

对于设计者来说，真正的困难在于如何在最大限度的公式化和最大限度的自由化之间寻找平衡。网格设置得过于公式化可能会在一定程度上限制设计者的自由。但从另一个方面来说，复杂的网格也允许大量变化的存在，也能包容更多、更自由的理念。

1. 网格的构成

网格的构成如图 2-38 所示。

（1）栏：网格上用来排列文字的长矩形空间。网格上的栏因为宽度的不同而有很大的区别，但通常高度要长于宽度。

（2）栏宽：决定了每行的宽度。

（3）栏高：决定了文字栏的高度。

（4）图像栏间距：图像单元之间的空白距离。

（5）图像单元：通过基线、空白线留出的图像位置。

（6）基线：文字坐落的线。

基本网格系统决定了页面空白的宽度、印刷范围的比例、栏数、栏宽、栏高以及栏与栏之间间隔的宽度。

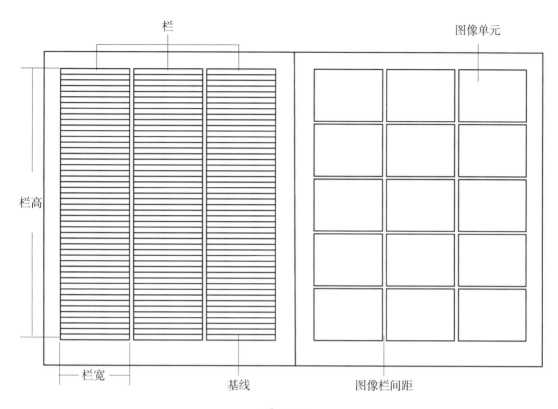

图 2-38

网格系统是隐形的架构,由印刷成品中看不到的一系列纵横交错的、常常包含着有趣的数列关系的辅助线组成。它控制着印刷品的边距,文本栏的宽度,页面元素之间的间距、比例、大小,每页重复出现元素的固定位置等。设计者用辅助线创造和调整一个网格系统,有助于在空白的页面上高效地放置各种元素,如大标题、正文、照片等,并利用网格迅速地进行各种细微调整。

2. 对称与非对称网格

在一个展开的页面确定文字区域,首先要决定左右两页上的文字区域是采用对称网格还是采用非对称网格。大部分图书具有围绕中心装订线的对称版式。

(1)对称网格:左页面与右页面互为镜像,如图 2-39 所示。

(2)非对称网格:左页面与右页面的网格不完全相同,无法形成镜像,如图 2-40 所示。

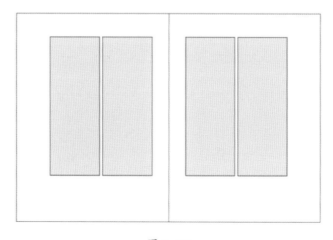

图 2-39

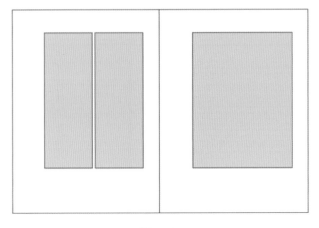

图 2-40

3. 经典的网格比例

德国先锋字体设计师扬·奇肖尔德(1902—1974 年)在一张长宽比为 3：2 的纸上作出了经典网格,如图 2-41 所示。页面中文本区域的布局与整个纸面有着和谐的比例关系,简洁美观。这个网格的重要意义在于,它的位置与尺寸是依据比例关系,而不是固定值来确定的。

对图 2-41 中的各分图做如下说明。

图 2-41(a)：该网格建立在长宽比为 3：2 的双跨页上。

图 2-41(b)：在整张跨页中作出两条对角线。

图 2-41(c)：作出两个底角到订口的对角线。

图 2-41(d)：通过跨页对角线与右页对角线的交点画出一条垂直线,在该垂直线与上切口边缘的交点和跨页对角线与左页对角线的交点间作出一条直线。此直线与右页对角线的交点到订口的距离为右页宽度的 1/9。

图 2-41(e)：以该直线与右页对角线相交的点作一条水平线,并与右页的跨页对角线相交。确定文本框的上部边缘的位置,该水平线到上切口的距离恰好为页面高度的 1/9。

图 2-41(f)：作出完整的文本区域。

图 2-41(g)：左页文本框以同样的方式作出。

图 2-41(h)：将页面的长、宽都 9 等分,可以看出网格各部分的位置与尺寸都是依据比例关系确定的。

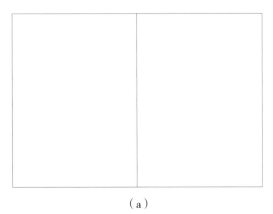

（a）

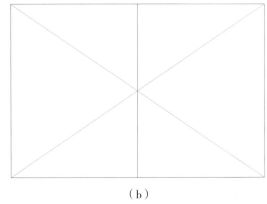

（b）

图 2-41

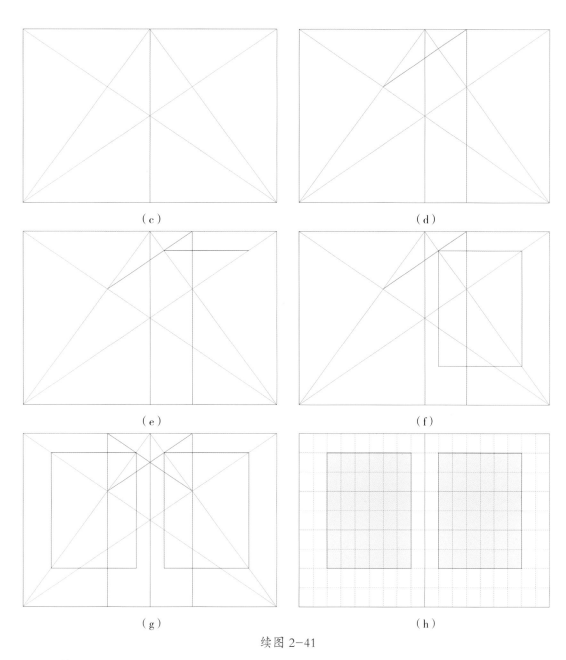

（c）　　　　　　　　　　　　　（d）

（e）　　　　　　　　　　　　　（f）

（g）　　　　　　　　　　　　　（h）

续图 2-41

4. 简单的现代网格

现代主义思潮对图书网格的发展产生了影响。第二次世界大战后，新一代的设计者发扬了早期现代主义字体先锋派的思想，充分使用对称网格来决定页面所有元素的位置关系，使文字与图片以合理的结构来搭建。

现代网格要素用整数表示：栏是版式的再分，边距及单元是栏的再分，基线是单元精准的等分。简单的现代网格如图 2-42 所示。对图 2-42 中的各分图做如下说明。

图 2-42(a)：在页面上确定文本区域的高度和宽度，注意兼顾功能性和审美性。

图 2-42(b)：文本区域创建好后，把它分为 2 个、3 个或更多的文本栏。举例来说，有 2 个栏的文本，将文本区域垂直分为 2 个部分。图中所示为采用插入空间的方法将文本区域分为 2 个部分。

图2-42(c)：将文本栏水平划分为2个、3个或更多区域。

图2-42(d)：设计者现在必须决定接下来他想使用的字体的大小和行间插入的空行是多少。例如，10 pt的字体带有3 pt的行间距，插入的空行保证文本的易读性。设计者需检查已经勾画的文本区域的高度，并确定在一个文本区域内可以容纳多少10 pt字体的文本行。在大多数情形下，设计者将不得不使区域的高度适应特定数量的文本行的高度。这将会使文本区域变得更大或更小。

图2-42(e)、(f)：空白区域是为照片、图画、相片等设计的区域，一个被放置在另一个上面，仅被一行分隔。这些区域务必要被分开，以便不触碰彼此。照片被一行空行或更多行空行隔开。如果有2个放置照片、图画、相片等的区域，且在文本栏中一个在另一个之上，以一行空行分隔它们。在有3个放置照片、图画、相片等的区域的情况下，需要2行空行，以此类推。

图2-42(g)：有8个区域的网格，左侧是排39行文本的区域。

图2-42(h)：有8个区域的网格，右侧网格区域的上部和下部界线都对齐一行文本。

几乎所有的简单图书都可能包含一个以上的网格。例如：大多数以文字为主导的作品，章节采用一种网格，术语和索引采用的则是另外一种网格。尽管栏数和字号有可能不同，但主要的文本区域是相同的。

随着设计者们长期的研发和实践，可供采用的设置网格的方法多种多样。例如，使用方根矩形创建网格，采用比例尺制作网格，使用复杂的复合网格，使用基于印刷要素的网格，等等。在设计书籍版式时，要根据书籍的内容、风格及特殊需求选用适当的网格系统。书籍版式设计示例如图2-43所示。

（a）

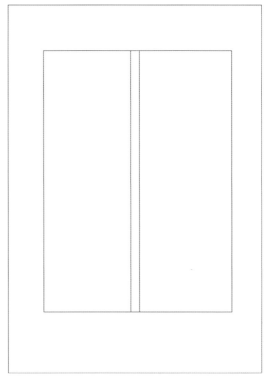

（b）

图2-42

(c)

Fig1 : We sketches 1； the type area with the depth and breadth that seem best to him both functionally and aesthetically.
Fig2: Once this type area has been found in the sketch, we divide it into 2,3 or more text columns. Where, for example, there are 2 columns of text, he divides the type area vertically into 2 parts, which he separates by means of an intervening space.
Fig3: Now we divide the text columns horizontally into 2,3 or more fields.
Fig4: We must now decide what type size and leading we want to use for the next. If, say, 10-pt. face with 3-pt. leading ensures the legibility we are looking for, then we check the depth of the fields we have sketched and ascertains how many 10-pt. lines of type can be accommodated in one field. In most cases we will have to adjust the depth of the field to the depth of the specific number of text lines. We will make the fields a little larger or smaller.
Figs 5/6 : The fields planned for the pictures, drawings, photos, etc. are still placed one over the other and divided only by a line. These must be separated so that they do not touch each other. The pictures are spaced by one or more empty lines. If there are, say, two fields one above the other in a text column and we separate them with an empty line, we then have in a text column the number of lines which can be accommodated in both fields plus the lines we have introduced as empty lines. In the case of three fields we need 2 spaces, i.e. 2 empty lines, in the case of four fields, 3 empty lines ect.
Fig 7/8: The grid with 6 fields in Fig. 7 is matched to a type area with 26 lines.

(d)

Fig1 : We sketches 1； the type area with the depth and breadth that seem best to him both functionally and aesthetically.
Fig2: Once this type area has been found in the sketch, we divide it into 2,3 or more text columns. Where, for example, there are 2 columns of text, he divides the type area vertically into 2 parts, which he separates by means of an intervening space.
Fig3: Now we divide the text columns horizontally into 2,3 or more fields.
Fig4: We must now decide what type size and leading we want to use for the next. If, say, 10-pt. face with 3-pt. leading ensures the legibility we are looking for, then we check the depth of the fields we have sketched and ascertains how many 10-pt. lines of type can be accommodated in one field. In most cases we will have to adjust the depth of the field to the depth of the specific number of text lines. We will make the fields a little larger or smaller.
Figs 5/6 : The fields planned for the pictures, drawings, photos, etc. are still placed one over the other and divided only by a line. These must be separated so that they do not touch each other. The pictures are spaced by one or more empty lines. If there are, say, two fields one above the other in a text column and we separate them with an empty line, we then have in a text column the number of lines which can be accommodated in both fields plus the lines we have introduced as empty lines. In the case of three fields we need 2 spaces, i.e. 2 empty lines, in the case of four fields, 3 empty lines ect.
Fig 7/8: The grid with 6 fields in Fig. 7 is matched to a type area with 26 lines.

(e)

Fig1 : We sketches 1； the type area with the depth and breadth that seem best to him both functionally and aesthetically.
Fig2: Once this type area has been found in the sketch, we divide it into 2,3 or more text columns. Where, for example, there are 2 columns of text, he divides the type area vertically into 2 parts, which he separates by means of an intervening space.
Fig3: Now we divide the text columns horizontally into 2,3 or more fields.
Fig4: We must now decide what type size and leading we want to use for the next. If, say, 10-pt. face with 3-pt. leading ensures the legibility we are looking for, then we check the depth of the fields we have sketched and ascertains how many 10-pt. lines of type can be accommodated in one field. In most cases we will have to adjust the depth of the field to the depth of the specific number of text lines. We will make the fields a little larger or smaller.
Figs 5/6 : The fields planned for the pictures, drawings, photos, etc. are still placed one over the other and divided only by a line. These must be separated so that they do not touch each other. The pictures are spaced by one or more empty lines. If there are, say, two fields one above the other in a text column and we separate them with an empty line, we then have in a text column the number of lines which can be accommodated in both fields plus the lines we have introduced as empty lines. In the case of three fields we need 2 spaces, i.e. 2 empty lines, in the case of four fields, 3 empty lines so on.

(f)

第二章 书籍的整体设计

书籍装帧设计（第三版）

（ g ）　　　　　　　　　　　　　　　（ h ）

续图 2-42

Fig1 : We sketches 1 :　the type area with the depth and breadth that seem best to him both functionally and aesthetically.

Fig2: Once this type area has been found in the sketch, we divide it into 2,3 or more text columns. Where, for example, there are 2 columns of text, he divides the type area vertically into 2 parts, which he separates by means of an intervening space.

Fig3: Now we divide the text columns horizontally into 2,3 or more fields.

Fig4: We must now decide what type size and leading we want to use for the next. If, say, 10-pt. face with 3-pt. leading ensures the legibility we are looking for, then we check the depth of the fields we have sketched and ascertains how many 10-pt. lines of type can be accommodated in one field. In most cases we will have to adjust the depth of the field to the depth of the specific number of text lines. We will make the fields a little larger or smaller.

Figs 5/6 :　The fields planned for the pictures, drawings, photos, etc. are still placed one over the other and divided only by a line. These must be separated so that they do not touch each other. The pictures are spaced by one or more empty lines. If there are, say, two fields one above the other in a text column and we separate them with an empty line, we then have in a text column the number of lines which can be accommodated in both fields plus the lines we have introduced as empty lines. In the case of three fields we need 2 spaces, i.e. 2 empty lines, in the case of four fields, 3 empty lines ect.

Fig 7/8: The grid with 6 fields in Fig. 7 is matched to a type area with 26 lines.

How to build a simple grid

Fig1 : We sketches 1 :　the type area with the depth and breadth that seem best to him both functionally and aesthetically.

Fig2: Once this type area has been found in the sketch, we divide it into 2,3 or more text columns. Where, for example, there are 2 columns of text, he divides the type area vertically into 2 parts, which he separates by means of an intervening space.

Fig3: Now we divide the text columns horizontally into 2,3 or more fields.

Fig4: We must now decide what type size and leading we want to use for the next. If, say, 10-pt. face with 3-pt. leading ensures the legibility we are looking for, then we check the depth of the fields we have sketched and ascertains how many 10-pt. lines of type can be accommodated in one field. In most cases we will have to adjust the depth of the field to the depth of the specific number of text lines. We will make the fields a little larger or smaller.

Figs 5/6 :　The fields planned for the pictures, drawings, photos, etc. are still placed one over the other and divided only by a line. These must be separated so that they do not touch each other.

Fig1 : We sketches 1 :

Fig1 : We sketches 1 :

Fig1 : We sketches 1 :

How to build a simple grid

Fig1 : We sketches 1 :　the type area with the depth and breadth that seem best to him both functionally and aesthetically.

Fig2: Once this type area has been found in the sketch, we divide it into 2,3 or more text columns. Where, for example, there are 2 columns of text, he divides the type area vertically into 2 parts, which he separates by means of an intervening space.

Fig3: Now we divide the text columns horizontally into 2,3 or more fields.

Fig4: We must now decide what type size and leading we want to use for the next. If, say, 10-pt. face with 3-pt. leading ensures the legibility we are looking for, then we check the depth of the fields we have sketched and ascertains how many 10-pt. lines of type can be accommodated in one field. In most cases we will have to adjust the depth of the field to the depth of the specific number of text lines. We will make the fields a little larger or smaller.

Fig3: Now we divide the text columns horizontally into 2,3 or more fields.

Fig4: We must now decide what type size and leading we want to use for the next. If, say, 10-pt. face with 3-pt. leading ensures the legibility we are looking for, then we check the depth of the fields we have sketched and ascertains how many 10-pt. lines of type can be accommodated in one field. In most cases we will have to adjust the depth of the field to the depth of the specific number of text lines. We will make the fields a little larger or smaller.

Figs 5/6 :　The fields planned for the pictures, drawings, photos, etc. are still placed one over the other and divided only by a line. These must be separated so that they do not touch each other.

Fig1 : We sketches 1 :　the type area with the depth and breadth that seem best to him both functionally and aesthetically.

Fig2: Once this type area has been found in the sketch, we divide it into 2,3 or more text columns. Where, for example, there are 2 columns of text, he divides the type area vertically into 2 parts, which he separates by means of an intervening space.

图 2-43

续图 2-43

第五节　书中的文字

版面设计中最基本的一种元素就是文字。不同的字体表现出不同的个性。字体是极佳的情感传递方式。设计者要根据不同的出版类型,准确选用字体,以获得良好的效果。

一、字体的类型与设计

1.字体的分类

最常见、最有效的字体分类方法之一,就是根据它们在页面中的功能来分类。按此种分类方法,字体通常被分为三类:正文字体、标题字体、装饰字体。

(1)正文字体。

正文字体是为文章中大段的文字所设计的字体。正文的重点在于易读性,选择一种恰当的正文字体能加快读者的阅读速度,并使读者长时间阅读时不觉得疲劳。

(2)标题字体。

标题字体通常磅数较大,是为标题、题目等设计的。这些字体要能够吸引人们的眼球,易于辨识,并且要能够通用。标题字体必须能够与其他字体协调共存,且与其他字体相比必须具有自己的独立特征,但也不能太过突兀。

(3)装饰字体。

装饰字体一般用于广告,作用是不惜一切代价吸引人们的注意、成为焦点,为此甚至可以牺牲易辨识性。装饰字体是独特的、具有创意的,甚至仅为某一本特定的图书或活动所设计。它的使用时效短暂、更新频繁,所以一般不通用。

字体的类型与设计实例如图 2-44 所示。

书籍装帧设计(第三版)

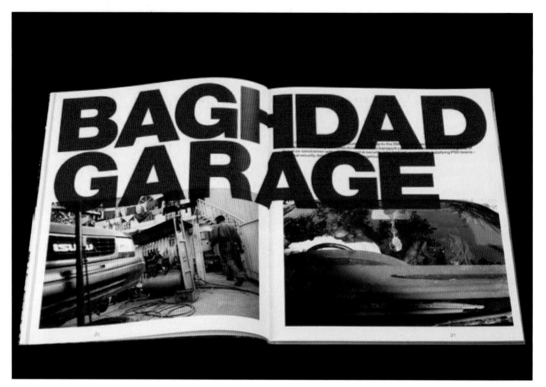

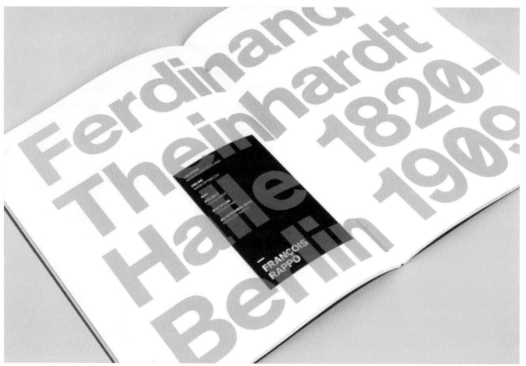

图 2-44

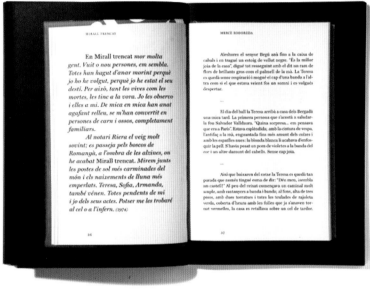

续图 2-44

续图 2-44

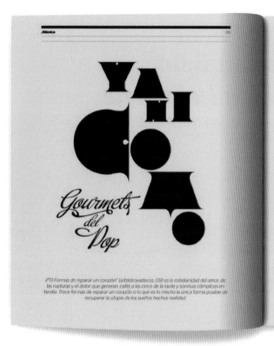

续图 2-44

第
二
章

书
籍
的
整
体
设
计

Times New Roman Regular
Times New Roman Italic
Times New Roman Bold
Times New Roman Italic Bold

图 2-45

Arial Regular	Arial Regular
Arial Black	**Arial Black**
Arial Narrow	Arial Narrow

图 2-46

2. 字族

当进行书籍版式设计时，选择一种可以提供一系列磅值的字族是非常重要的。字族是拥有相同名称和形式的一组字体，如图 2-45 所示。字族在设计中的实用性很强，在给设计者提供丰富变化的同时也兼顾了页面的统一性。

许多字族中都包含加粗和加宽版本的字体，增强了排版的灵活性，如图 2-46 所示。加粗和加宽并不受字磅变化的影响，粗体和细体都有对应的加粗和加宽版本。

3. 中文字体

(1) 宋体。

宋体结构饱满、整齐美观，起笔、收笔及转折处有装饰角。由于满足人们阅读时的视觉要求，宋体一直沿用至今，是出版印刷使用最广泛的一种字体。

根据字体的黑度不同，宋体可分为特宋、大标宋、小标宋、书宋、报宋等。在宋体的基础上衍生出仿宋、长宋、宋黑等多种变体。大标宋、小标宋多用于版面的标题；书宋、报宋适合排印长篇正文；仿宋多用于排印古籍正文及各类书刊中的引言、注释、图版说明等。

(2) 黑体。

黑体是受西方无衬线体影响而产生的印刷字体。黑体字形端庄，略同于宋体，笔画粗细均匀，没有装饰性笔画，显得庄重、醒目，富有现代感，易于阅读。

黑体包括特粗黑、大黑、中黑、中等线、细等线等，在黑体的基础上衍生出美黑、宋黑等。

特粗黑、大黑、中黑适用于标题、导语及多种展示目的，中等线、细等线可排印正文及图版说明等。

在宋体和黑体的基础上演变出许多印刷字体，主要有圆体、姚体、琥珀体、综艺体、彩云体等。这类字体字形结构更趋于几何化，具有鲜明的风格和特征。

此外，还有许多具有手写风格的字体。由书法体沿袭而来的字体有隶体、魏体、楷体、舒体等，颇具现代风格的自由手写体主要有广告体、POP 体等。

设计者应掌握常用印刷字体的风格和特征,以便在版面编排时能够灵活、准确地根据文章内容选择适当的字体,更好地传达信息、表现主题、突出风格。

4. 西文字体

与方形的汉字不同,西文单词由多个字母组合而成,同种字体拥有相同的字符高度,而不同单词因组合字母有多有少形成不同的长度。

(1)衬线体。

衬线体是指基本笔画的末端带有短小的水平或垂直装饰线的字体,笔画有一定的粗细对比。这些装饰线帮助人们顺着文字方向阅读。连续文本的标准字体是衬线体,这是一种惯例。大众化的设计排版使用有衬线的正体字体作为书籍、杂志、报纸的标准字体,衬线体对于我们来说更易于阅读。

(2)无衬线体。

没有衬线的字体较衬线体简洁、笔画变化少。无衬线体是标题字体的绝对首选。无衬线体字在形体上更有力、更明朗、更引人注目,因此在图形上更令人印象深刻。

5. 字体的组合

在设计一种书籍版式时,设计者通常会应用不止一种字体。多种字体并列出现自然会产生层次感,并为页面提供相应的焦点。这种层次的创建,为读者提供了一种阅读的视觉导向。它是通过运用不同字体和改变字体的磅值来创建的。在一本书中,设计者根据内容的需要和重要程度的不同,选用不同的字体、磅值、色彩等,来对书籍的题目、章节标题、正文、注释、参考信息等文字加以区分。

字体组合的一般规律如下。

(1)一本书中字体类型不宜过多,一般控制在3种以内。字体类型过多、差异较大会使读者视觉混乱,降低整体效果。大多数字体都是家族化的。一个字族包含这个特定字体的所有变体,包括不同的磅值、宽度、斜体,使设计者能够在保持某种字族特征的情况下,获得丰富的字体变化,并使出版物在视觉上具有统一性和连续性。

(2)使用3种以上字体时,可在主要标题部分选用较新颖、具有装饰性的字体并设置较大的磅值,以达到增强对比、引人注目的突出效果。在大段的正文部分,应选用简洁、易读性高、辨识性好的字体。

(3)选择不同字体时,注意字体之间的兼容性,既要有对比,也要注意整体的统一协调。中文字体与西文字体混排时,要注意字体风格的协调。

二、文字编排的基本形式

文字的编排通常有以下6种基本形式。前4种基本编排形式具有广泛的应用空间,一本书会在标题、内容、章节序言、正文说明、索引中充分加以运用。每种编排形式都有自身的优势,通过一段时间的阅读,读者会习惯书籍文字编排的设计风格。

1. 左对齐

左对齐在图书出版的后期才出现。当采用较窄的文本栏时,西文字体按照左侧对齐排列,行首整齐,行尾则非常零散,如图2-47所示。这时通常会使用连字符来降低由于行长不同所造成

的视觉上的不规则性。

由于中文字体每个字符的大小相同,因此采用左对齐编排形式时行尾会形成整齐的空白。

2. 右对齐

右对齐如图2-48所示。这种排列对于长篇幅的阅读来说是不舒服的,因为每一行的开头都是在页面左侧留白排列,起行字符的位置有较大差别,这样容易导致读者记忆的混淆,使读者的阅读体验不佳,在阅读时容易串行。

右对齐通常用于很短的文章或者说明文字,这样这种编排形式的缺点不那么明显。

书籍装帧设计(第三版)

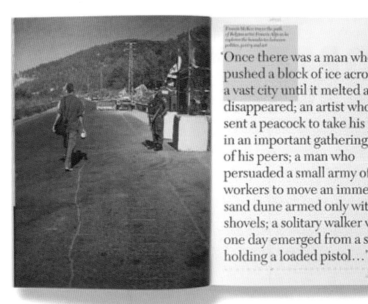

图 2-47

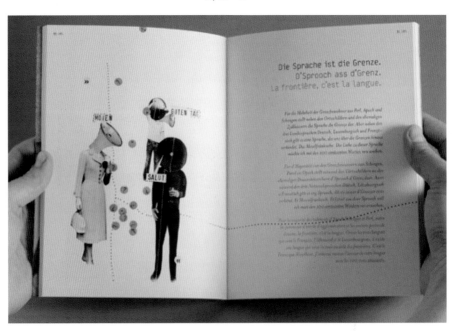

图 2-48

图 2-48

3. 居中对齐

居中对齐是指字体沿着中轴线排列,如图 2-49 所示。这种编排形式通常在标题页使用,适用于短小的内容。

居中对齐尽管很容易实现,但是却较难掌控,因为文字内部文本层次必须结合相应的阅读、行长、字号、笔画粗细来综合考虑。

居中对齐很少在正文中使用,如同右对齐,这样的对齐方式也会给读者寻找每行的开头带来困难,增加阅读障碍。

图 2-49

4.两端对齐

　　和居中对齐一样,采用两端对齐编排形式时文字也围绕中心轴对称排列,如图2-50所示。两端对齐是行首和行尾都整齐的编排形式。中文书刊的正文大多采用这种文字编排形式,两端对齐也是西文书刊的传统编排形式。需注意的是,西文采用此种编排形式产生的行、字间距是不规则的,须对每行中的词间距或单词的长度进行调整。

5.中式竖排

　　中式竖排是指文字自上而下竖向排列,行序自右向左,与古代的竖写顺序保持一致,如图2-51所示。在现代版面设计中,中式竖排多用于表现东方传统文化和中国古典文学艺术。采用这种编排形式时,如果在中文的行文中出现西文、阿拉伯数字、符号等非中文字符,则较难处理。

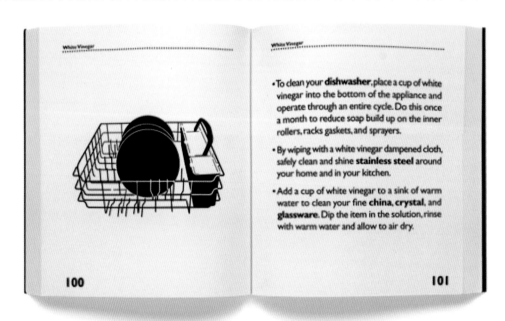

图 2-50

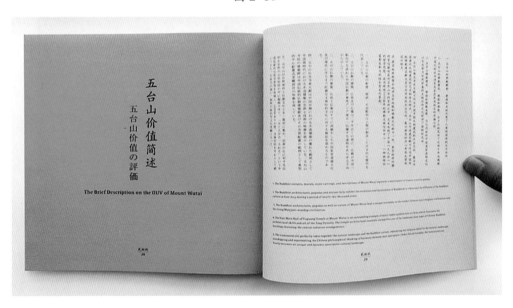

图 2-51

6. 自由编排

自由编排是指在版式设计中，往往把文字排成特定的形状来配合图片或页面上的其他图形元素，如图 2-52 所示。利用计算机技术，对文字进行各种形式的编排是非常容易实现的。

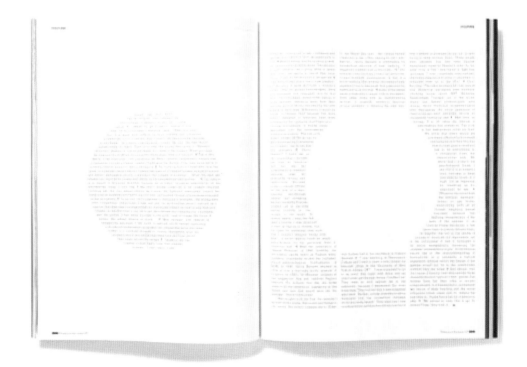

图 2-52

三、文字编排原理

书刊版心的大小是由书刊的开本决定的,版心过小容字量过少,版心过大有损于版式的美观。一般字与字间的空距要小于行与行间的空距,行与行间的空距要小于段与段间的空距,段与段间的空距要小于四周空白宽度。字距、行距、字体的尺寸以及字行本身相互关联,其中任何一个元素改变,都意味着要调整其他相关元素。

1. 字距

计算机对书刊正文字距所做的自动调整适用于大部分的文本,编排标题文字时要依据具体状况适当地调整字符间距,如图 2-53 所示。

2. 行距

如图 2-54 所示,行距在文本中产生空间,使文字在文本块中有喘息的空间,同时也方便了阅读。

图 2-53

图 2-54

中文正文行距一般在半个字高至一个字高之间。中文行距的计算是从上一行文字的顶端至下一行文字的顶端，因此中文行距应设定为字高的 1.5～2 倍，一般不超过 2 倍。

西文字体的行距是一行的基线到另一行基线之间的距离。没有行距的编排一般被称为密排，密排的行距等于字体的磅数。

3. 行长、行宽、栏宽

文字通常被排成一栏，那么这一栏的宽度就是它的行宽。尽管行长和行宽似乎是可以互换的，但两者并不总是相同的。中文字体是方块字，每个字的宽度是一样的，因此，行长和行宽是相等的；但西文字体并不总是相等的，例如，确定了行宽后，选用左对齐或右对齐的对齐方式，由于每行的单词数量和单词的长短不同，每一行的长度也会产生差异。

目前通行的中文图书字行长度如下：大 32 开本图书，五号字，27～29 字 / 行，行长为100～108 mm；32 开本图书，五号字，25～27 字 / 行，行长为 92～100 mm；16 开本图书，五号字，38～40 字 / 行，行长为 146～150 mm。西文每行平均 7～10 个单词、40～70 个字符最容易阅读。低于字数的这一限度读者的视线会频繁地移行，高于字数的这一限度读者的视线做长时间的水平移动，从而感到疲倦。页面中分栏增多，每栏的宽度会缩小，每行的字数相应减少。

栏的设置如图 2-55 所示。

4. 层次

文字的层次是指基于文本元素在逻辑上和视觉上重要性不同进行编排呈现出的层级关系，如图 2-56 所示。对页面中的文本进行层次的划分，可以使版面条理清晰，引导读者依照主次关系阅读文字，从而更好地理解页面内容。

图 2-55

书
籍
装
帧
设
计
（
第
三
版
）

图 2-56

续图 2-56

通常情况下,在版面中,主标题字号最大、字型较为突出,以吸引读者的注意,并强调重要性;副标题相对采用较小的字号,对主标题起补充、说明或加以限制的作用,处于相对于主标题来说次要的地位。正文可进一步减小字号。

使用层次来编排文字,关键在于理清不同段落文字所表达的信息内容。并不是所有的版面都需要复杂的层次系统。如果一种字体、字号能够解决问题,不要人为制造复杂性。如果版面中的文字包含了许多不同的信息,在充分理解各部分文字信息后,可使用不同的字型、字号、色彩、段落编排或者反白、添加底色等方式来划分层次,引导读者更顺利地阅读并理解文字内容。

四、图像

在出版物的视觉识别中,图像扮演着重要角色。它是更快捷、更直接、更形象的信息传达方式,是版面设计中不可缺少的元素。和文字共同使用时,图像能提高视觉传达的效果。另外,使

文字与图像保持平衡,能够令书籍版面产生节奏感。

书籍中如何选择、应用图像,取决于很多因素,如书籍的内容、整体风格、读者群等。

1. 照片

摄影照片是今天应用较为普遍的图像类型。照片为设计者提供了丰富的表现和视觉手段。在书籍中看到的任何图像,在印刷前都要经过处理和润饰,以提高图像的质量。

(1)出血图。出血图充满画面,延伸至书页边缘,具有一种向外的张力,给人一种舒展的感觉,有助于拉近与读者的距离。一张出血的摄影照片能够产生强有力的视觉效果,如图2-57所示。

图 2-57

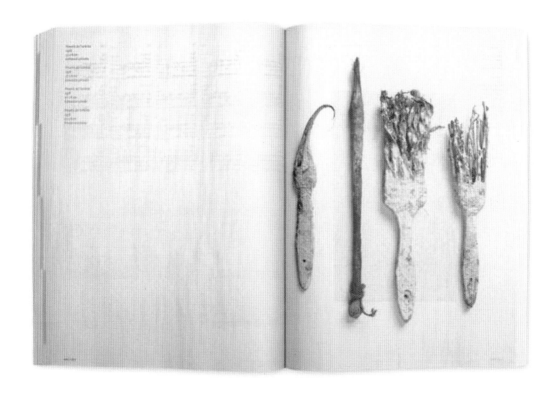

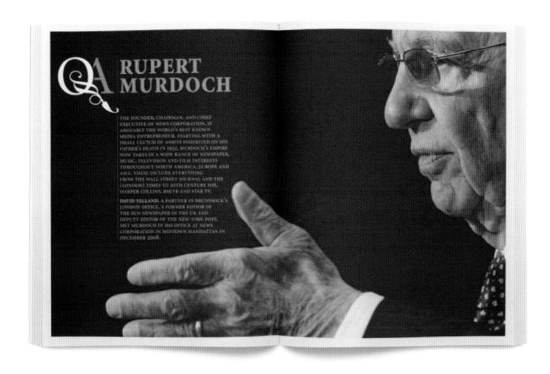

图 2-58

（2）退底图。退底是指保留照片中的主体部分,去掉纷乱繁杂的背景,使主体部分更加突出,使照片能够与版面中的文字、插图等其他元素更有效地组合,如图 2-58 所示。

（3）合成图。为了使图像更符合某一特定主题,设计者常常会创造独特的图像效果,使用设计软件将多幅图像按照需要进行有机的组合设计,如图 2-59 所示。

图 2-59

（4）拼贴图。拼贴是指将与主题相关的照片素材打散、重构，并置于同一版面中，形成一种独特的风格，增强视觉冲击力，如图 2-60 所示。

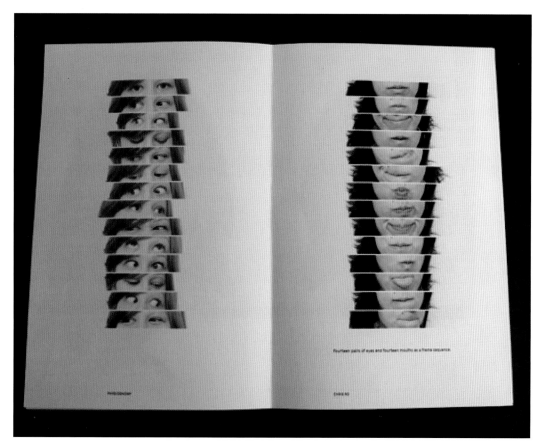

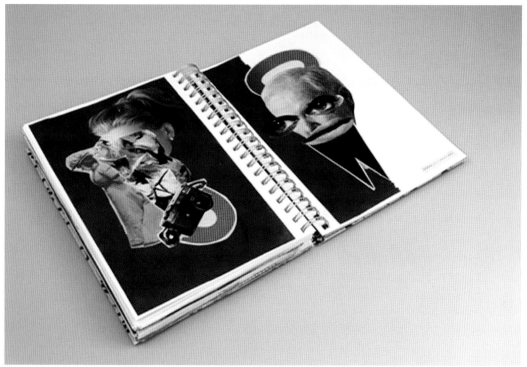

图 2-60

　　(5)特殊处理图。特殊处理是指根据特定的内容为照片添加不同的特殊效果,以弥补照片质量上的缺陷,同时突出主题、引发读者的联想、增强读者的记忆,如图 2-61 所示。

图 2-61

2. 图形

在表现特定内容时，图形展现出特殊的表现力。

（1）插图。插图属于大众传播领域中的视觉传达设计范畴，最基本的含义是"插在文字中间、帮助说明内容的图画"。书籍的插图是在文本的基础上对文本的形象、思想内容进行具象的表现，能给读者以清晰的形象概念，加深读者对文字的理解。

插图的表现形式多种多样：有水墨画、油画、素描画、版画（木刻画、石版画、铜版画、丝网版画）、水粉画、水彩画、漫画等；有写实性的，也有装饰性的。插图在设计风格上要和文字的形态、书籍的体裁相吻合，共同形成书籍的整体风格。

插画在书籍中的应用如图 2-62 所示。

图 2-62

续图 2-62

书籍装帧设计（第三版）

续图 2-62

(2)抽象图形。抽象图形是构成版面的重要元素之一，可以在版面中对信息进行有效的区分，建立阅读的层次感，也可以对版面进行修饰，活跃版面气氛。抽象图形的使用要以内容为基础，与主题无关的抽象图形的滥用，不仅会削弱统一的视觉效果，而且会扰乱主题的表达。

抽象图形在书籍中的应用如图 2-63 所示。

图 2-63

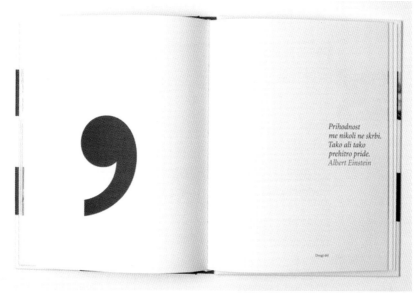

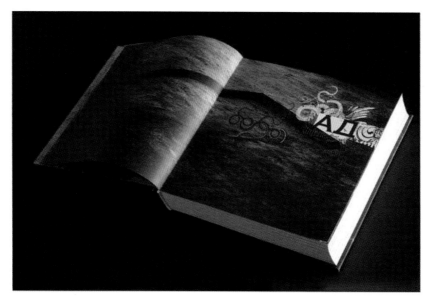

续图 2-63

3. 书籍插图欣赏

书籍插图欣赏如图 2-64 所示。

图 2-64

续图 2-64

续图 2-64

五、信息图表

一些学术性的书籍、年报等包含有大量数字信息，用以支持或说明作者的观点。将众多的数字信息以不同形式的图表来显示，能够帮助读者更好地理解数据的含义及其关系。一般要根据数字信息的内容选用合适的图表形状。

常用的图表类型包括柱状图、饼状图、线图、树状图等。

(1)柱状图。柱状图用来对比同类信息，既可以横向排列，也可以纵向排列。柱状图如图 2-65所示。

(2)饼状图。饼状图用来表示整体比例。最好的表现形式就是正圆，如图 2-66 所示。

(3)线图。线图用来显示时间的发展和变化。从理论上说，线图可以无限延伸，显示随时间而发展和变化的信息。许多机器测绘都使用线图来表示信息，如心电图等。线图示例如图 2-67所示。

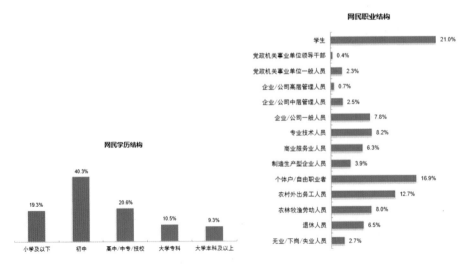

图 2-65

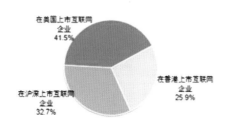

互联网上市企业数量分布

在美国上市互联网企业 41.5%

在沪深上市互联网企业 32.7%

在香港上市互联网企业 25.9%

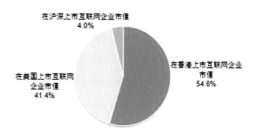

互联网上市企业市值分布

在沪深上市互联网企业市值 4.0%

在美国上市互联网企业市值 41.4%

在香港上市互联网企业市值 54.6%

图 2-66

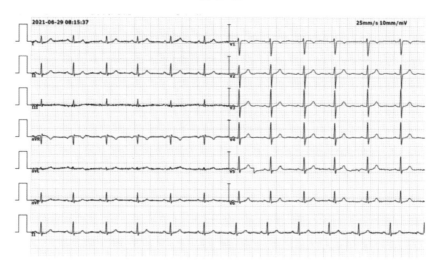

图 2-67

（4）树状图。树状图是用来表现信息之间的关联的图表，可使读者更清晰地了解信息的结构组成。树状图示例如图 2-68 所示。

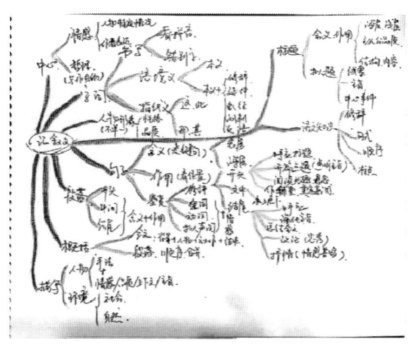

图 2-68

(5)散点图。散点图使各类信息得到比较,信息成组地聚合反映了数据之间的相关程度。散点图示例如图2-69所示。

(6)轴测图。轴测图是在一幅图上呈现物体三个面的工程图形式,经常用来结合横截面或者排列次序给出地形、建筑和物体的概貌,显示时间变化。轴测图示例如图2-70所示。

书籍装帧设计(第三版)

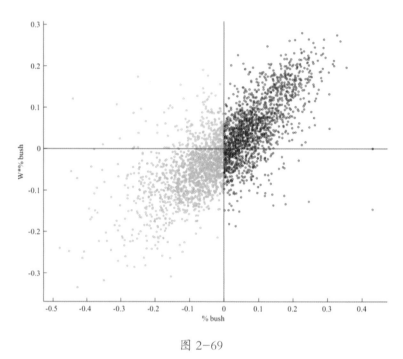

图 2-69

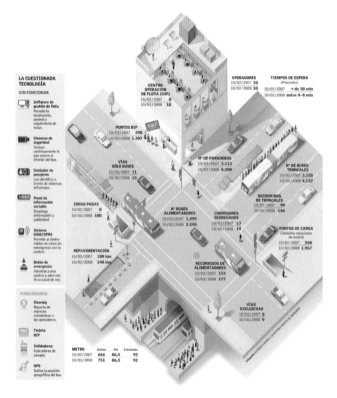

图 2-70

（7）揭示隐藏信息的图表。图表设计者在平面图和轴测图的基础上，使用各种绘图方法，呈现出物体不能被看到的部分，在一个版面中同时展示出横截面、剖面图、图解等，从而清楚地表明信息，如图 2-71 所示。

（8）序列图。它可以通过绘制、照相或者模型获得。一些序列图在设计时没有注释文字，需要配合说明文字才能得以清楚理解。序列图示例如图 2-72 所示。

书籍信息图表设计欣赏如图 2-73 所示。

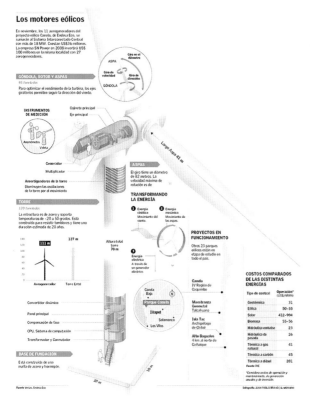

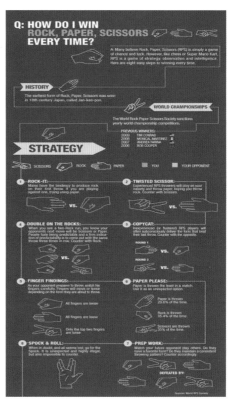

图 2-71   图 2-72

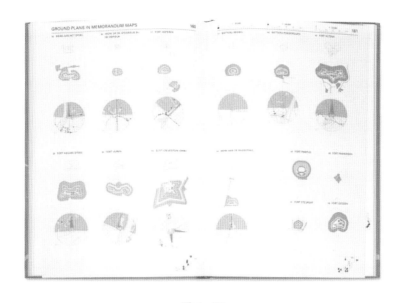

图 2-73

书籍装帧设计（第三版）

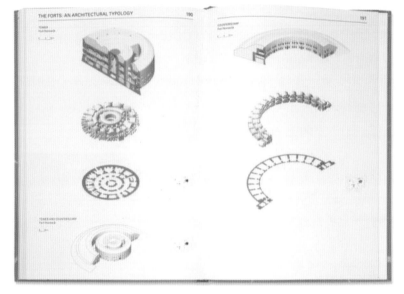

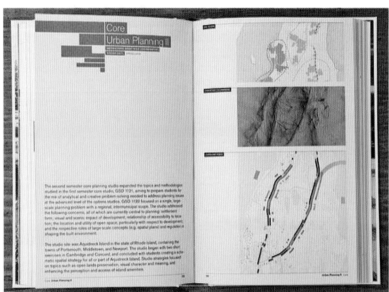

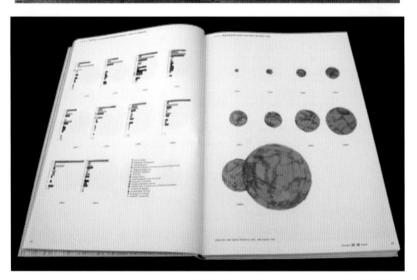

续图 2-73

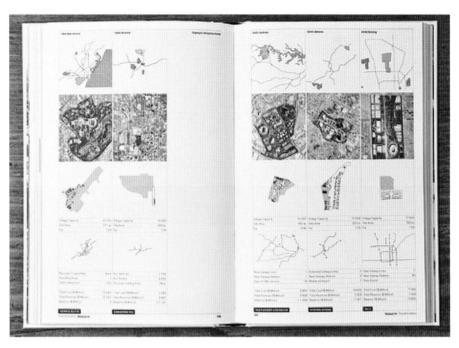

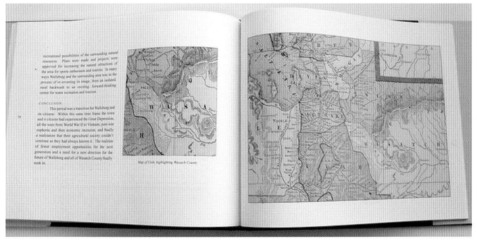

续图 2-73

第六节　图书的导航

　　读者在阅读一本从未看过的图书时,首先要了解这本书包含几个部分、每一部分的内容都是什么以及每一部分所在的位置,并能够根据书中提供的导航信息畅通无阻地阅读全书或者直接阅读感兴趣的内容。这就要求设计者对书籍的导航系统进行全局的设计规划。书籍的整体导航通常包含三个方面的内容:目录、页码和章节页。

一、目录

　　目录是印刷商的检索依据,也是读者的阅读指南。在书籍被正式装订前,目录可以更好地帮

助检查每一部分的顺序。

　　通常情况下,目录出现在右手页,现在双跨页的目录编排也经常使用。

　　在编排目录之前,要确保页码的顺序和章节标题已经确定。目录一般都包括页码和标题两个部分,两部分的编排次序不同,侧重点也有所不同。标题在先,侧重于图书的内容;页码在先,则侧重于书籍的导航。有的目录上还会出现副标题,这时可以通过改变颜色、文字的大小和编排位置来产生层次感。

　　书籍目录如图 2-74 所示。

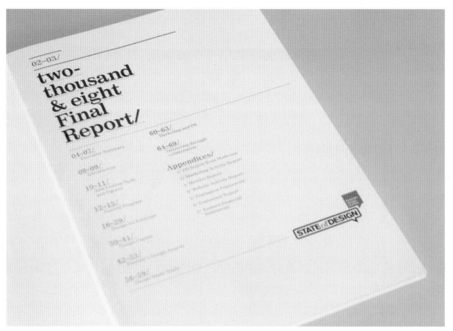

图 2-74

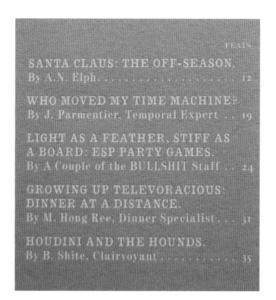

FEATS.

SANTA CLAUS: THE OFF-SEASON.
By A.N. Elph. 12

WHO MOVED MY TIME MACHINE?
By J. Parmentier, Temporal Expert . . 19

LIGHT AS A FEATHER, STIFF AS
A BOARD: ESP PARTY GAMES.
By A Couple of the BULLSHIT Staff . . 24

GROWING UP TELEVORACIOUS:
DINNER AT A DISTANCE.
By M. Hong Ree, Dinner Specialist. . . 31

HOUDINI AND THE HOUNDS.
By B. Shite, Clairvoyant 35

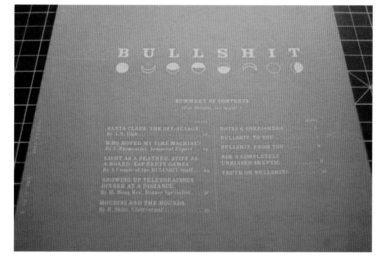

续图 2-74

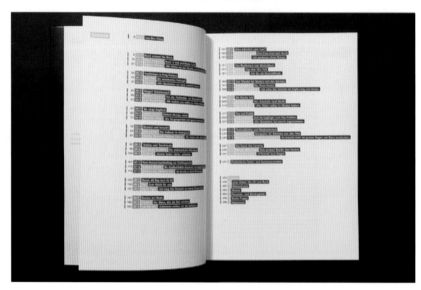

续图 2-74

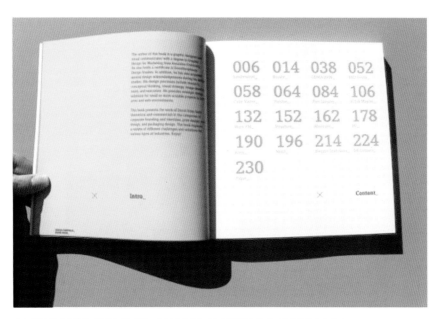

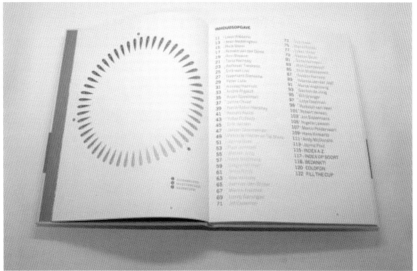

续图 2-74

书籍装帧设计（第三版）

图 2-75

二、页码

　　通常情况下,图书的右手页为正文的起始页,因此书籍标页码的规则为右手页为奇数页码,左手页为偶数页码。一直以来,书籍的页码编排都是以正文起始页为第一页,按顺序排列,直到结文为止,并使用数字进行标注。正文前的部分单独编排页码,配用单独的数字或字母序号,多采用罗马数字或字母等进行标注。

　　现在的书籍,有的不再分为两个部分编排页码,而是将正文前部分、正文部分、正文后部分统一起来,一起编排页码。尽管有的时候正文前部分的页面中没有出现页码数字。

　　以往的书籍中,页码通常被标注在图书的每一页上。现在的书籍页码的编排形式可谓更加多样化。根据书籍的整体风格和实际需要,页码可以被放置在页面上的各个位置。有的设计者只在右手页标注页码,或者将两页的页码并置一起放在右手页上,或者将页码沿一定的方向移动位置,使读者在翻阅的时候产生运动感。在页码旁标注章节信息不仅能够使读者明白所在的位置,而且能够帮助读者更好地了解章节内容。

　　注章节信息的页码如图 2-75 所示,只在右手页标注页码如图 2-76 所示,两页的页码并置在右手页如图 2-77 所示。

图 2-76

图 2-77

三、章节页

在书籍的结构上,章节页起到明显的分隔作用。有的书籍不同章节的内容或者风格是截然不同的,为了突出每一部分的独特性,在章节的开始给出视觉上的暗示是非常有用的。章节页一般为单独的右手页,或是展开的跨页。左手页在翻阅过程中很容易被忽略,因此不能起到引人注目的作用。

在章节页中通常会出现章节标号、章节标题、章节副标题、章节序言、章节目录等信息。

章节页设计如图 2-78 所示。

图 2-78

書籍裝幀設計（第三版）

续图 2-78

续图 2-78

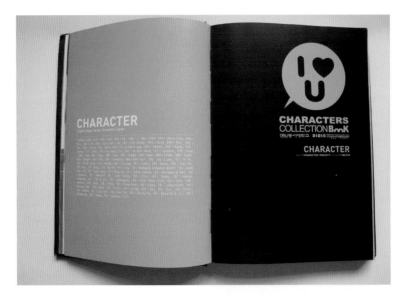

书
籍
装
帧
设
计
（
第
三
版
）

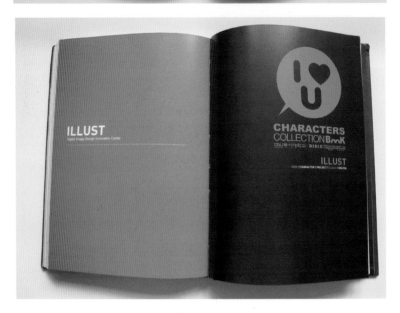

续图 2-78

第七节　书籍外包装设计

　　为了增加书籍的艺术气息和审美价值，或便于将同一主题的多本图书合并销售和收藏，设计者也经常会设计书籍的外包装。外包装的表现形式一般与书籍的整体设计风格相统一。如果有多个分册，外包装的风格应能够呈现整套书的总体风格或统一的主题。外包装的结构在忠于书籍内容和风格的基础上，可以是独特的、别出心裁的，也可以选用不同的包装材质进一步突出书籍的风格。

　　书籍外包装设计如图 2-79 所示。

图 2-79

书籍装帧设计（第三版）

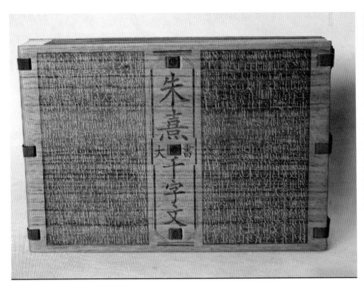

续图 2-79

续图 2-79

续图 2-79

第三章

印刷与材料

第一节　印刷
第二节　材料的选用与表面装饰

第一节 印刷

现代印刷技术种类很多,而且方法不同、操作不同,形成的效果也不同。印刷方法可分为直接印刷和间接印刷两大类。其中,直接印刷包括凹版印刷、凸版印刷、活版印刷、丝网印刷、烙烫印刷等,间接印刷包括平版印刷(柯式印刷)、柔性版印刷、激光印刷、影印、复印等。以下介绍几种常用的印刷方法。

一、凹版印刷

凹版印刷简称凹印,印版的图文部分低于版面,以不同深度凹入印版来表现原稿图文的不同层次,而空白部分处于同一版面上。凹版印刷属于直接印刷,图形、图像直接从印版转移到承印物上,印版空白部分以刮墨刀刮掉表面油墨、保持清洁。按图文形成的方式不同,凹版可分为雕刻凹版和腐蚀凹版两大类。

凹版印刷墨层比凸版印刷和平版印刷厚,油墨颜色与其他印刷有区别。凹版印刷具有以下特点:可复制的色域范围宽,色彩鲜艳、稳定,色调丰富,色彩还原准确;耐印力高,印刷过程保持高速不间断;适用范围广泛;印版制作工艺复杂,成本较高。

由于印版制作精细和凹印技术已经比较成熟,凹版印刷成为高质量、高速度、大批量印刷的首选方法。它主要用于杂志、产品目录等精细出版物,包装和钞票、邮票等有价证券的印刷等。

二、凸版印刷

凸版印刷简称凸印,是指印版上的图文信息高于版面上的非图文部分,通过墨辊将油墨转移到印版上,然后通过压力作用将其转印到承印物上。

凸版印刷的特点是:墨色较为饱满;可印刷较粗糙的承印物;色调再现性一般。

三、柔性版印刷

柔性版印刷也常简称为柔印,是使用柔性版、通过网纹传墨辊传递油墨并施印的一种印刷方法。柔性版印刷一般采用厚度为 1~5 mm 的感光树脂版,所用油墨分为水性油墨、醇溶性油墨、UV 油墨三大类。柔性版印刷所用油墨绿色环保,在包装印刷领域是主要的印刷方法。

柔性版印刷具有独特的灵活性、经济性,印刷原理简单,具有大批量生产印品的成本优势,印刷成品质量稳定,并对保护环境有利。它在西方发达国家已被证实是一种"最优秀、最有前途"的印刷方法。

四、丝网印刷

丝网印刷属于孔版印刷,它利用感光材料通过照相制版的方法制作丝网印版(使丝网印版上图文部分的丝网孔为通孔,而非图文部分的丝网孔被堵住),印刷时通过刮板的挤压,使油墨通过图文部分的丝网孔转移到承印物上,形成与原稿一样的图文。

丝网印刷具有以下特点:设备简单、操作方便,印刷、制版简易且成本低廉,适应性强,应用范围广泛;墨层厚实(一般可达 30 μm 左右),覆盖力强,印刷品质感丰富,立体感强,这是其他印刷方法不能相比的;耐光性强,最大密度值范围可达 2.0。

丝网印刷比较适用于表现文字及线条明快的单色、成套色原稿,以及表现反差较大、层次清晰的彩色原稿。丝网印刷使得复制品具有丰富的表现力,能通过丰富、厚实的墨层和色调的明暗对比,充分表达原稿内容的质感以及立体效果。

丝网印刷应用范围广,常见的印刷品有彩色油画、招贴画、名片、装帧封面、商品标牌以及印染纺织品等。

五、平版印刷

平版印刷印版上的图文部分与非图文部分几乎处于同一个平面上,在印刷时,为了能使油墨区分印版上的图文部分和非图文部分,首先由印版部件的供水装置向印版的非图文部分供水,从而保护印版上的非图文部分不受油墨的浸湿。然后,由印刷部件的供墨装置向印版供墨,由于印版上的非图文部分受到水的保护,因此,油墨只能供到印版上的图文部分。最后,将印版上的油墨转移到橡皮布上,再利用橡皮滚筒与压印滚筒之间的压力,将橡皮布上的油墨转移到承印物上,完成一次印刷。所以,平版印刷是一种间接印刷方法。

平版印刷的特点是:工作简便,成本低廉;套色装版准确,印版复合容易;印刷物柔和软调;可以用于大数量印刷;受印刷时水胶的影响,色调再现力减低,鲜艳度较低。

平版印刷的范围包括海报、简介、说明书、报纸、书籍、包装、杂志、月历以及其他大批量的印刷品。

第二节　材料的选用与表面装饰

恰当、合理地选择和使用纸张,对保证出版物的质量和降低出版物的成本均有着十分重要的意义。一般情况下,要预先确定所需纸张的品种和规格,并根据出版计划准确计算所需纸张数量。

选择纸张时要综合考虑纸张的各项要素,根据各种印刷品的具体特点选择所用纸张的品种。

一、印刷介质——纸张

(一)纸张的物理特性

选用高质量的纸张能够凸现书籍的质感。纸张是书籍最基本的材料,构成了印刷表面、页、书芯,是书籍最重要的主体部分,因此书籍版式设计者关注纸张的一些相关信息,并熟悉可供选择的不同纸张类型是有必要的,它可以帮助书籍版式设计者更好地表现书籍的内容及整体风格。

纸张有 7 个特性:重量、厚度、纹理、不透明度、纸面修饰、颜色、尺寸。当为图书印刷和装订

选择纸张时,这些因素要和成本、可行性一起考虑。

1. 重量

纸张的重量通常有两种表示方式,一种是定量,另一种是令重。

定量也称克重,是单位面积纸张的重量,以每平方米的克数,即 g/m² 来表示。它是进行纸张计量的基本依据。例如,150 g/m² 的纸是指该种纸每平方米的单张重量为 150 g。重量在 200 g/m² 以下(含 200 g/m²)的纸张称为纸,重量超过 200 g/m² 的纸张称为纸板。

定量分为绝干定量和风干定量。前者是指在完全干燥、水分等于零的状态下的定量;后者是指在一定湿度下达到水分平衡时的定量。通常所说的定量指后者。定量的测定要在标准的温湿度条件(温度(23±1)℃;相对湿度 50%±2%)下进行。

令重是指每令(500 张纸为 1 令)纸量的总重量,单位为 kg。根据纸张的定量和幅面尺寸,令重可以采用"令重(kg) = 纸张的长(mm)× 宽(mm)×500×[标准定量(g/m²)/1000]"公式计算得出。

2. 厚度

纸张重量和纸张厚度相关,但由于纸张密度不同,不能想当然地认为重的纸张一定厚。

吸水纸密度不大,拥有松散的纤维结构,但却相当厚;而加了压的书皮纸既密又重,但却比较薄。

纸张厚度可以用测径器测量,计量单位是千分之一英寸或毫米。对于书籍版式设计者来说,知道每张纸的厚度是非常有必要的,因为它决定着书脊的高度。

纸张厚度测量与介绍如图 3-1 所示。

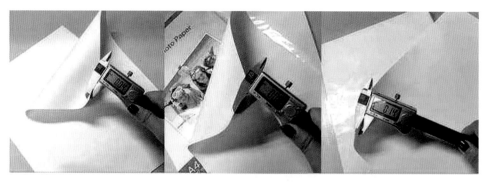

普通 A4 纸　　　柯达彩色喷墨印纸(亚光)　　　彩色打印卡纸

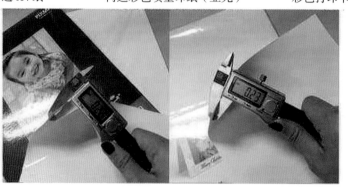

佳能光面照片纸(常用)　　　爱普生贺卡纸

图 3-1

纸张厚度介绍

白卡纸	微米（丝）	白板纸	微米（丝）
190 g/m²	24~25	250 g/m²	31~32
210 g/m²	28~29	300 g/m²	35~36
230 g/m²	31~32	350 g/m²	42~43
250 g/m²	33~34	400 g/m²	47~48
300 g/m²	41~42		
350 g/m²	47~48		
400 g/m²	55~56		

铜版纸	微米（丝）	双胶纸	微米（丝）
80 g/m²	6~7	55 g/m²	6
105 g/m²	8~9	70 g/m²	9
128 g/m²	10~11	80 g/m²	10
157 g/m²	12~13	100 g/m²	12
200 g/m²	17~18	120 g/m²	15
250 g/m²	26~27	140 g/m²	18
300 g/m²	33~34	160 g/m²	21
350 g/m²	36~37	180 g/m²	22
400 g/m²	41~42		

续图 3-1

3. 纹理

纸张纹理由产生过程中的纤维方向决定。纸张按照矩形制造,如果纤维结构与纸张长边平行,就是长纹;如果纤维结构与纸张短边平行,就是短纹。有了纹理,纸张就可以被撕割得很整齐,不会产生粗糙的边缘,且按纹理折叠纸张比不按纹理折叠纸张要容易。大部分图书的纹理都是平行于订口的,因为这样可以确保纸张易于翻阅,书帖折叠后不会太厚。纹理对纸张折叠的影响如图 3-2 所示。

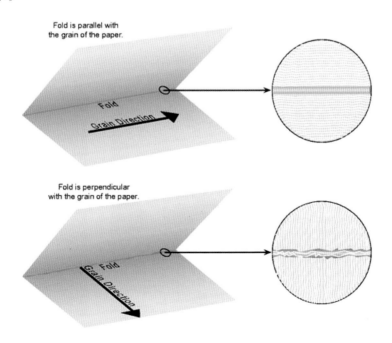

Fold is parallel with the grain of the paper.

Fold
Grain Direction

Fold is perpendicular with the grain of the paper.

Fold
Grain Direction

图 3-2

书籍装帧设计（第三版）

4. 不透明度

不透明度衡量的是光透过纸张的多少，是由纸张厚度、结构密度和纸面修饰类型共同决定的。纸不会完全不透明，不允许任何光透过（100% 不透明）的纸是不存在的。由于纸张的不透明度决定了页与页之间的映现程度，设计书籍版式时，设计者非常有必要了解纸张的不透明度。具有高不透明度的纸张可以减少映现，而薄的、不透明度较低的纸张从反面就会看到文字和图像。映现可以被创造性地运用到设计中，如图 3-3 所示，但运用不当会影响阅读。

5. 纸面修饰

纸面修饰（见图 3-4）决定了吸墨和适合于不同的印刷字体的能力。造纸方式不同，纸张表面会产生不同的修饰效果。压光时间的长短会影响纸张表面的光滑程度：碾子碾的次数越多，纸张表面就越光滑。

图 3-3

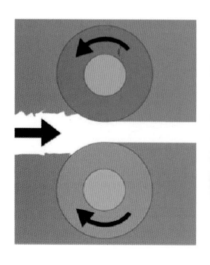  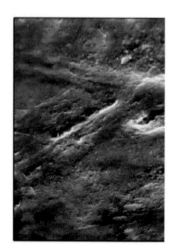

压光前　　　　　　　　　　　压光后

图 3-4

在印刷时,纸面修饰影响着纸张的映现,这并不能只通过不透明度来衡量。没有上涂层的纸张比上了涂层的纸张更容易吸收水分,油墨很容易被纸张表面吸收,相比于那些同类型但上了涂层的纸张来说,映现更加明显。纸张对油墨的吸收性不同,会形成不同程度的透背,如图3-5所示。

6. 颜色

众所周知,白色纸张可真实、客观地反映出印刷图文的全部色彩,提高文字的反差度和清晰度,使复制品色彩鲜艳,达到图文并茂的效果。纸张白度越高,这种效果越显著。然而,白度不宜过高,否则反射光线强,对视觉神经刺激强,易引起视觉疲劳,因而印刷纸并不是白度越高越好。尽管出版印刷用纸基本为白色或近白色,但都有偏色现象,如图3-6所示,有的偏蓝,有的偏红,目的是使视觉判断显得更白些,但也要因人而异。

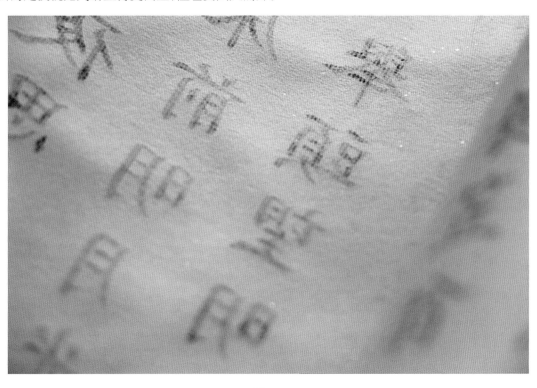

图 3-5

315 g/m² 芬兰纤维-超白 名片纸规格: 90 mm×54 mm	300 g/m² 精选雅致布纹-白色 名片纸规格: 90 mm×54 mm	300 g/m² 精选睿智绅士-白色 名片纸规格: 90 mm×54 mm
315 g/m² 芬兰纤维-奶白 名片纸规格: 90 mm×54 mm	300 g/m² 精选雅致布纹-米色 名片纸规格: 90 mm×54 mm	300 g/m² 欧纯棉纸-白色 名片纸规格: 90 mm×54 mm
300 g/m² 德国金石-超白 名片纸规格: 90 mm×54 mm	315 g/m² 精选荷兰白卡 名片纸规格: 90 mm×54 mm	300 g/m² 欧纯棉纸-米色 名片纸规格: 90 mm×54 mm
320 g/m² 精选莹彩-冰白 名片纸规格: 90 mm×54 mm	300 g/m² 精选睿智绅士-米色 名片纸规格: 90 mm×54 mm	370 g/m² 真木元素-米白 名片纸规格: 90 mm×54 mm

图 3-6

颜色通常在纸张还是纸浆的阶段就已经被添加了。

比如,牛皮纸趋于棕色(见图3-7),再生纸会趋向偏暖的、淡淡的灰色(见图3-8),有的报刊选用橙色的报刊纸。

仔细考量文字和图像色彩如何作用于纸张是非常重要的。纸张的颜色会影响图片的印刷色彩。

图 3-7

图 3-8

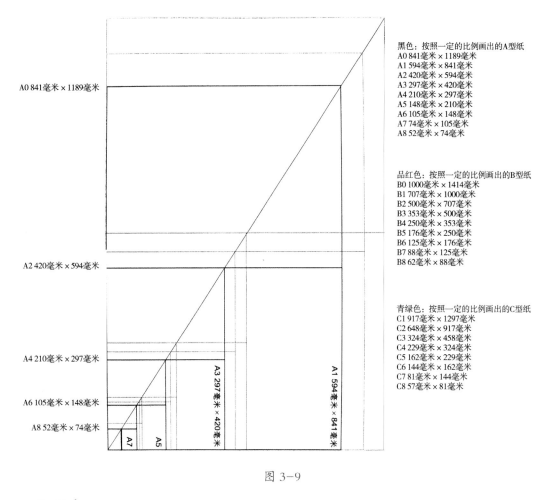

黑色：按照一定的比例画出的A型纸
A0 841毫米×1189毫米
A1 594毫米×841毫米
A2 420毫米×594毫米
A3 297毫米×420毫米
A4 210毫米×297毫米
A5 148毫米×210毫米
A6 105毫米×148毫米
A7 74毫米×105毫米
A8 52毫米×74毫米

品红色：按照一定的比例画出的B型纸
B0 1000毫米×1414毫米
B1 707毫米×1000毫米
B2 500毫米×707毫米
B3 353毫米×500毫米
B4 250毫米×353毫米
B5 176毫米×250毫米
B6 125毫米×176毫米
B7 88毫米×125毫米
B8 62毫米×88毫米

青绿色：按照一定的比例画出的C型纸
C1 917毫米×1297毫米
C2 648毫米×917毫米
C3 324毫米×458毫米
C4 229毫米×324毫米
C5 162毫米×229毫米
C6 144毫米×162毫米
C7 81毫米×144毫米
C8 57毫米×81毫米

图 3-9

7. 尺寸

最早的手工纸张,没有具体规定型号。机械化印刷使纸张尺寸的标准化成为必要,因为纸张需要和印刷模板相匹配。平版印刷用纸的大小和形状是由长、宽尺寸决定的。纸张的长、宽尺寸是依据印刷品的开法和印版的要求由国家主管部门规定的。

(1)国际标准化纸张尺寸。

A 型纸以 A0 纸为基础,具有相同的比例,每种尺寸的纸是前一种尺寸纸的再分,如图 3-9 所示。

例如, A1 纸是 A0 纸的一半, A2 纸是 A1 纸的一半,如此类推。B 型纸和 A 型纸一样,拥有相同的比例,且每种尺寸的纸是上一个母本的一半。C 型纸主要是为文具而设计的,与 A 型纸、B 型纸采用相同的分切系统。

(2)全开纸。

我们把一张按国家标准分切好的原纸称为全开纸。

目前最常用的印刷正文全开纸有 787 mm×1092 mm 和 889 mm×1194 mm 两种,如图 3-10 所示。

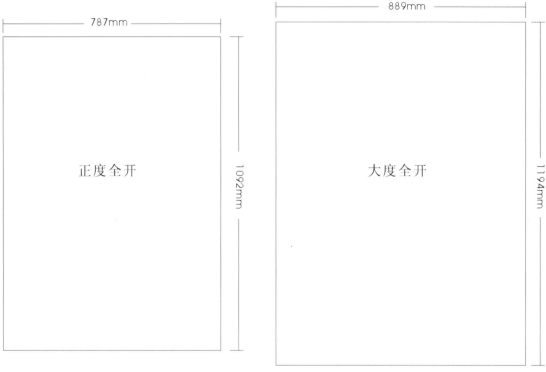

图 3-10

(3) 卷筒纸。

卷筒纸只规定了宽度（或长度），长度（或宽度）在印刷机上切出，所以卷筒纸尺寸的实质与平版印刷用纸尺寸的实质是一致的，只不过形式不同。

卷筒纸的宽度尺寸和平版印刷用纸的幅面尺寸如表 3-1 所示。

表 3-1

卷筒纸的宽度尺寸 /mm	平版印刷用纸的幅面尺寸 /（mm×mm）
1575、1562、1400、1092、1280、1000、1230、900、880、787	1000M×1400、1000×1400M、900×1280M、900M×1280、880×1230M、880M×1230、787×1092M、1092M×787

注：数字后的"M"表示纸的纵向；卷筒纸宽度的允许误差为 ±3 mm，平版印刷用纸幅面尺寸允许误差为 ±3 mm；在本表中尽管没有 850 mm×1168 mm 这一规格，但在目前实际运用中这一规格应用得比较多。

（二）合理选择纸张

纸张材料在图书成本中占有很大的比重——占 40% 以上。因此，合理地选用纸张材料是降低图书成本的一个重要方面。

普通图书，如文件汇编、学习材料、文艺性读物等，平装本用 52 g/m² 凸版纸就可以了，精装本可选用 60 g/m² 或 70 g/m² 胶版纸。

歌曲、幼儿读物单色可用 60 g/m² 胶版纸，彩色可用 80 g/m² 胶版纸。

教科书一般都采用 49～60 g/m² 凸版纸；工具书平装本可选用 52 g/m² 凸版纸，精装本可选用

$40 \ g/m^2$ 字典纸;一般技术标准可用 $80 \sim 120 \ g/m^2$ 胶版纸。

图片及画册一般用 $80 \sim 120 \ g/m^2$ 胶版纸和 $100 \sim 128 \ g/m^2$ 铜版纸,可根据图片及画册的精印程度、开本选用胶版纸或铜版纸及其定量。年画、宣传画一般用 $50 \sim 80 \ g/m^2$ 单面胶版纸,连环画用 $50 \sim 52 \ g/m^2$ 凸版纸,高级精致小画片用 $256 \ g/m^2$ 玻璃卡纸。

杂志一般用 $52 \sim 80 \ g/m^2$ 纸,单色一般用 $60 \ g/m^2$ 书写纸或胶版纸,彩色一般用 $80 \ g/m^2$ 双胶纸。

图书和杂志的封面、插页和衬页:正文在 200 页以内时封面一般用 $100 \sim 150 \ g/m^2$ 纸,正文在 200 页以上时封面用 $120 \sim 180 \ g/m^2$ 纸;插页用 $80 \sim 150 \ g/m^2$ 纸;衬页用纸的定量根据图书和杂志的厚薄一般在 $80 \sim 150 \ g/m^2$ 之间选择。

以上用纸,仅供参考。但是须注意,同一品种的纸,定量越大,价格越高,正文纸的定量增加,书脊厚度也随之增加,有时还须调整封面纸的定量与开数,从而会产生一连串的连带关系,增加纸张成本。

认真选用纸张材料,绝不是说可以偷工减料、粗制滥造而不顾出版效果。如用普通纸印制较为精细的网线版,会使版面模糊、全部无效,造成浪费。又如普通读物可选用新闻纸,而需长期保存的书籍就不能用易于风化的新闻纸。总之,应在不影响印刷效果及质量的条件下,尽量选用成本较低的纸张,以降低图书成本。

二、图书印刷的其他材料

1. 封面材料

书籍的价值、档次如何与封面选材有直接关系,其中,封面材料的优劣占主要地位。封面材料,特别是精装封面材料,在书刊加工中占据很重要的地位,它的选择关系到一本书的整体装帧效果。"货卖一张皮",封面搞得好,能增加书刊成品对读者的吸引力,反之会影响书刊在市场上的地位。现代书籍本册加工对封面材料的要求较过去有所不同,原来的精装封面大部分只用纸张和漆涂布,现在种类增加很多,如 PVC 涂布料、树脂浸渍花纹纸料、浸渍加涂布花纹纸料、织品与纸张用树脂胶复合材料、真皮、纺织品等。

封面材料的种类增多,开拓了装帧设计者的眼界,使书籍本册装饰材料的选择范围增大,为出新书、好书开辟了新的道路,也促进了印后装订工艺技术的提高。

2. 环衬材料

精装书过去几十年沿用的环衬材料是胶版纸和部分铜版纸。这些纸张用作环衬吸湿性强,但扫衬后环衬、书芯易出褶皱。现在大部分精装书都选用树脂浸渍过的花纹纸作环衬纸。由于进行了树脂浸泡加工,这种纸强度、牢度较大,吸湿性较低,且品种、花纹、颜色有上百种,可以任意挑选,是现代最佳环衬品种。

3. 黏结材料

随着装饰材料的变化,原来植物类的面粉糨糊与动物类的骨胶等已远远不能适应新型一代装饰材料的黏结。近几年,随着化学工业的发展及装饰材料的增多,黏结材料由动、植物类转换为人工合成树脂类。如黏结纸张、纸板等的聚醋酸乙烯乳胶、聚乙烯醇、107 胶等,黏结薄膜纸张

的纸型复合胶粘剂(丙烯酸酯和苯乙烯共聚物),高温熔融的热熔胶等,为现代各种装饰材料的黏结提供了广泛的选择,使得在图书装订加工中再也不会因黏结剂不合适而出现各种装订质量问题。

三、表面整饰

表面整饰要为所承载的包装物起到加分的作用,为产品增值,要具备几个基本条件:设计富有创意、适合印刷载体、印刷色彩准确、印后加工细致。

书籍表面的整饰,主要是指承印物完成印刷后的一系列的加工工序,包括啤形、裁切、击凸、压凹、轧痕、模切、烫印、打孔、裱胶、上光、激光雕刻等工艺。

1. 凹凸压印

凹凸压印就是通过预制好的雕刻模板和压力作用使纸张表面形成高于或低于纸张平面的三维效果,如图 3-11 所示。它又称凹凸压纹,其中从纸张背面施加压力让表面膨起的工艺称为击凸,从纸张正面施加压力让表面凹下的工艺称为压凹。凹凸压印是印刷品表面后道加工工艺中常见的技术,主要用于强调整体设计的某个局部,突出其重要地位。

凹凸压印的种类有很多:素击凸,击凸区域及周围没有任何印刷图案,对纸张的要求视具体设计而定,但颜色浅、纤维长而韧度高的纸张更为适合;篆铭凸,印刷时留下空白区域,印后再击凸,模板尺寸应略小于平面设计图尺寸,且严格对位;肌理凸,根据图形的肌理和质感,与其他多种印刷技术相结合,可以制作出类似油画的印刷作品,也称为油画凸;版刻凸,突出面为立体平面结构,使图形整体浮出,击凸高度依具体需要而定;多重凸,采用激光雕刻,层次清晰,上下落差较大;烫金凸,采用浮雕烫金版制作方法,击凸与烫金一次完成,等等。

2. 烫印

烫印(见图 3-12)也可称为烫金、烫金箔,是唯一一种能够在纸张、塑料、纸板和其他印刷表面上产生光亮的、不会变色的金属效果的印刷技术,是一种重要的金属效果表面整饰方法。烫印的主要方式包括热烫印和冷烫印两种。在实际应用中,应根据具体情况,充分考虑成本与质量,判断并选用合适的烫印方式。烫印工艺不能产生凸起的图像。烫印在和凹凸压印技术融合运用时称为立体烫金或混合烫金。

当凸印技术和金箔、银、铂金、青铜、黄铜、紫铜等金属一起使用时,压印表面就呈现出具有光泽的金属凸起图像。

3. 上光

上光是指在印刷品表面涂布或印上一层无色透明的油墨或原料(俗称上光油),经过干燥甚至压光处理后,增加印刷品的表面光泽度和平滑度,并提高印刷品表面的耐磨度,从而起到保护作用。

UV 上光是广为使用的上光方式,分为全幅面上光和局部上光(在印刷品某一特定位置上光)两类。根据上光效果,UV 上光还可分为高光型与亚光型。UV 上光可改善封面装潢效果,尤其是局部 UV 上光,通过高光画面与普通画面间的强烈对比,能产生丰富的艺术效果。UV 上光具有比传统上光和覆膜工艺无法比拟的优势,如无污染、固化时间短、上光速度快、质量较稳定等。

图 3-11

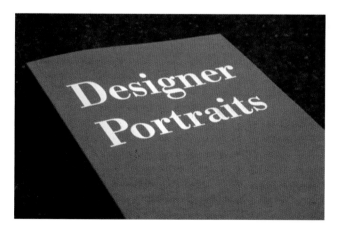

图 3-12

续图 3-12

　　水性光油上光已成为上光技术的主流。经水性光油上光处理过的纸张表面不管有无光泽，都可以再进行处理，如进行局部上光、烫金、扫金、凹凸压印等整饰加工处理。

4. 覆膜

　　覆膜，也称贴膜、贴塑或印后过塑，是将透明塑料薄膜通过热压复合在图书封面（0.012~0.020 mm 厚），以达到耐摩擦、耐潮湿、耐光、防水和防污染的要求，提高印刷品的强度、挺度，并增加光泽度。薄膜材料有高光型和亚光型两种。高光型薄膜可使书籍封面光彩夺目、富丽堂皇；而亚光封面则显得古朴、典雅。但有些薄膜材料由于不可降解，限制了使用。常用的薄膜材料有尼龙、聚丙烯、聚酯等。覆膜后的印刷品可以再进行表面整饰加工，如 UV 上光、烫印、凹凸压印和其他丝网印工艺等。

5. 模切与压痕

　　模切是印刷品后期加工的一种裁切工艺。模切工艺可以把印刷品或者其他纸制品使用按照事先设计好的图形制作成的模切刀版进行裁切，从而使印刷品、其他纸制品的形状不再局限于直边、直角。

　　把特定纸张和材料按照设计要求，在装有钢线模版的机器上加工制作，纸张或材料表面在压力作用下印有或深或浅的钢线痕迹，再进行折叠并形成一定的形式的结构或形状称为压痕。

　　模切和压痕形状根据设计图形可以千变万化。常用的模切和压痕工艺有：平切，最普通的模切类型；切变，从单边到四边都有，可对装订成型的书籍进行异形加工；反痕切，模切后纸张反折回来，压痕边线特别留下模切造型；手撕线，用作一种开启方式；连线痕，如有需要时很容易沿线分为两个部分；双折线，折痕有单线痕、双线痕、正反折痕等，较薄纸张用单线痕，较厚纸张用双线痕，正反折痕常用于拉页。

　　《准妈妈的书》是世界上第一本随准妈妈身体变化而变化的书，共 40 页，每页都进行了模切处理，代表怀孕的 40 周，如图 3-13 所示。

　　其他模切实例如图 3-14 所示。

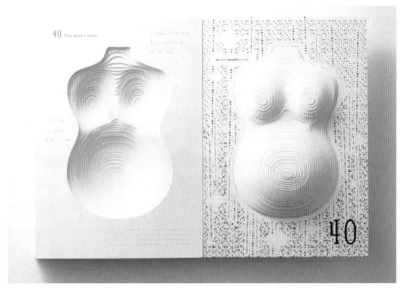

图 3-13

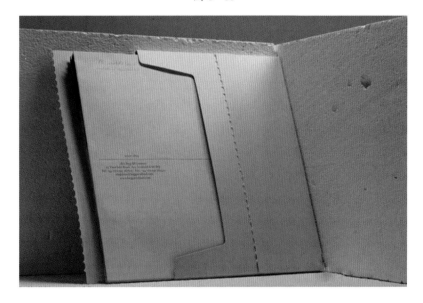

图 3-14

续图 3-14

6. 激光雕刻

激光雕刻是激光加工技术运用于切割加工领域的俗称。激光加工是指利用激光光束与物质相互作用的特性对材料进行切割、打孔、打标、划线、影雕等加工。能够进行激光雕刻的物质材料非常广泛，常见的有纸张、皮革、木材、塑料、有机玻璃、金属板、石材等。激光雕刻在纸张表面整饰领域的应用能达到其他工艺技术无法达到的效果，可以进行镂空、半雕、定点雕刻等加工。

激光雕刻实例如图 3-15 所示。

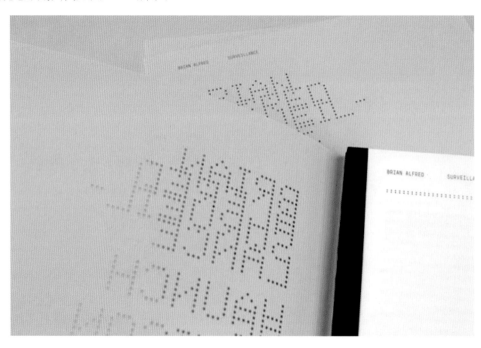

图 3-15

续图 3-15

7. 特殊工艺

为了突出印刷品的创意设计效果,可以采用特殊工艺技术,如图 3-16 所示。从印刷材料选用和制作工艺角度来看,特殊工艺实际上涵盖了印刷品从设计到成品的各个层次。市场上常见的特殊工艺技术主要有金卡纸磨砂、银卡纸磨砂、珠光效果、植绒工艺、全息防伪、热敏凸字以及多重工艺复合等。

图 3-16

续图 3-16

8. 书顶、书口、书底装饰

现在，封面与封底已被设计者"开发"完毕，书脊部分也被用来进行各种各样的线装加工，书顶、书口、书底也受到设计者的重视，在这三处印刷色彩（如烫金边等）已司空见惯，在线装书书底上印卷名也已变得稀松平常。一些词典还在书口冲孔以印字母（拇指索引），或将书角切成圆弧状等。更有一些设计者别出心裁地在书口进行设计，翻阅时，书口可呈现出不同的动态图案。

第四章

图书的其他形式

第一节　立体图书

第二节　电子图书

第一节　立体图书

一、何谓立体图书？

从字面上看,立体图书是指立体的图画书,更具体的解释为:当翻开书页时,可在书面上自行跳出三维空间造型,使得读者在阅读过程中能和书产生直接的互动的书。在英文文献中,此类书的常用名称有movable book(可动书)、mechanical book(机关书)以及toy book(玩具书)等。现在欧美图书界为此类书取了一个较为统一的名字"pop-up book",这个名字最早出现在1932年美国Blue Ribbon Books出版的一系列以迪士尼卡通故事为题材元素的立体图书上。

二、立体图书的特点

立体图书的主要特色是通过互动机关与立体模型来实现交互式阅读。它往往要借助读者的翻、掀、拉等操作来产生立体造型,并通过这一系列的立体造型来推动内容情节的发展。简而言之,立体图书是纸张的三维语言表达,比一般二维纸质图书更具美感和趣味性,并能启发读者的想象力和创造力。

制作精良的立体图书宛如精美的艺术品,能够带给读者美好的视觉享受,成为读者的珍藏之物。制作一本好的立体图书,第一步就是要有好的创意和构思,而世界名著因为具有隽永的文本、精妙的故事和深刻的思想成为许多立体图书的首选题材。

三、常见立体结构

1. 隧道书

隧道书的折纸方式是把纸张按照一定宽度进行连续山折与谷折,最后折叠成像折扇的波浪形,打开时像拉手风琴一样,产生隧道般的景深效果。

隧道书的结构很简单,包括多层景片和两张风琴折。每张景片都绘有图画,留白的地方镂空。多张镂空的景片靠两张风琴折夹住,形成景深不同的画面。第一张景片就是书的封面,上面开有圆形或方形的孔,向里面望去,看到的是层次不同的统一立体场景。

隧道书《女王加冕游行》中的立体场景如图4-1所示。

隧道书的风琴折夹住景片的方式有两种:上下夹和左右夹。早期隧道书基本都采用上下夹,而现代隧道书普遍采用左右夹。左右夹有一个好处,那就是书打开后,左右两侧的风琴折可以充当墙面,让书立得更稳。

上下夹隧道书《凡尔赛公园》如图4-2所示。

图 4-1

图 4-2

2. 旋转木马书

旋转木马书全部展开围合后呈 360° 环绕，因阅读时像玩旋转木马一样而得名。旋转木马书在传统上有六个立体页面（也可以做 4 个、5 个、7 个等），每一面都有剧场外框，强调剧场的立体透视效果。从上往下看，六星形旋转木马书像一个层层重叠的六角形，因此又被称为星星书。

六星形旋转木马书《美女与野兽 360° 光影立体书》如图 4-3 所示。

图 4-3

3. 娃娃屋书

娃娃屋书打开后直接或经过组装，变成一栋一层、两层甚至三层的娃娃屋模型。它包括一字形娃娃屋书和十字形娃娃屋书两种。

一字形娃娃屋书打开后呈一字形，包括很多格，每一格是一个房间。十字形娃娃屋书从十字形旋转木马书演变而来，为了突出娃娃屋的特征，上部通常被设计成屋顶的形状。大多数娃娃屋书没有门面，四面都是房屋内景；少数娃娃屋书设有门面，打开后一半是房屋外观，一半是房屋内景。

一字形娃娃屋书《德国毕德迈尔时代屋》如图 4-4 所示。

图 4-4

4. 90°景层书

90°景层书的原理是在单张纸上将插画依轮廓切割但不完全切断，再依景深的不同，利用山折与谷折折出阶梯状而产生阶层式立体透视效果。

5. 弹起式立体书

弹起式立体书是大家对立体书最直观的印象和认识，也是现代立体图书主流的形式，相信很多人接触立体图书都是从这一类开始的。弹起式立体书的出现也是立体图书发展史上的标志性事件，自从它出现后，立体图书设计便朝弹起式立体书方向发展了。

隧道书、剧场书、旋转木马书、娃娃屋书等类型的立体图书，内容主题多少会受形式的限制，弹起式立体书则不同，几乎可以表现各种内容主题。无论是人物、动植物、建筑，还是生活场景、抽象的艺术展示，都可以通过弹起式立体纸艺得到生动惊人的体现。弹起式立体书的纸艺可以很简单，也可以很复杂。

《比得兔寻找复活节彩蛋立体书》中的弹起式立体场景如图4-5所示。

6. 剧场书

剧场书是可以展现戏剧场景或变成剧场舞台的立体图书，包括场景式剧场书和模型式剧场书两种。

场景式剧场书每打开一页都是一个戏剧场景。同隧道书一样，它也是通过有间距的多层景片产生立体透视效果。模型式剧场书打开后，会直接变成一个剧场舞台，书中还包括可以换幕的景片、角色纸偶、道具、故事剧本等配件。场景式剧场书只可以"看剧"，而模型式剧场书还可以"演剧"，即读者可以跟着剧本在剧场舞台上玩角色扮演。

场景式剧场书《经典童话立体剧场书·灰姑娘》中的一幕如图4-6所示。

图 4-5

图 4-6

7. 拉拉书

    拉拉书拉动拉杆，会引起主人公一系列的运动。实现复杂的联动反应，对于设计者来说，也是一件很费"设计力"的事。

    《好玩的洞洞拉拉书》如图 4-7 所示，拉拉书其他实例如图 4-8 所示。

图 4-7

续图 4-7

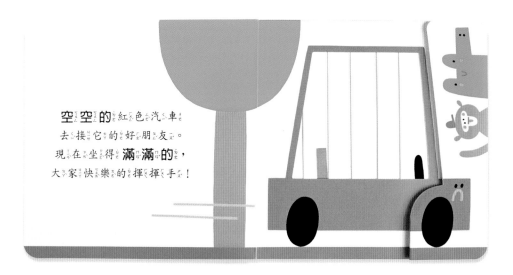

图 4-8

书籍装帧设计（第三版）

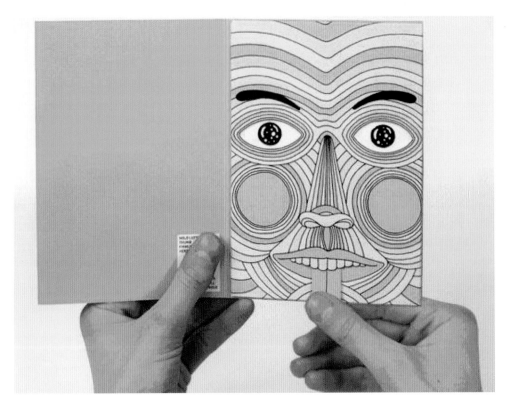

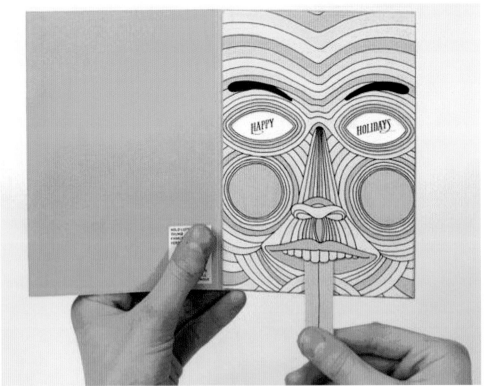

续图 4-8

　　现代立体图书常常综合运用以上多种技艺,如180°立体 + 拉杆。另外,书籍辅助材料也日新月异,如加绳索、塑料杆、反光亮片等,能够更好地实现立体图书效果。

　　立体图书欣赏如图4-9所示。

图 4-9

续图 4-9

第二节　电子图书

一、电子出版物

　　电子出版物是指以数字代码方式,将有知识性、思想性内容的信息编辑加工后存储在具有固定物理形态的磁、光、电等介质上,通过电子阅读、显示、播放设备读取使用的大众传播媒体,包括只读光盘(CD-ROM、DVD-ROM 等)、一次写入光盘(CD-R、DVD-R 等)、可擦写光盘(CD-RW、DVD-RW 等)、软磁盘、硬磁盘、集成电路卡等,以及国家广播电视总局认定的其他媒体形态。电子出版物实例如图 4-10 所示。

图 4-10

续图 4-10

电子出版物与传统纸张出版物相比具有不同的特性：信息量大，可靠性高，承载信息丰富，具有较强的交互性，制作和阅读需要相应软件的支持。

电子出版物是一种在整合营销传播方面具有独特优势的媒体。从整合营销传播的角度考察，与其他传播媒体相比较，电子出版物具有以下几个方面的优势。

1. 具有更具实用性的增值服务内容

电子出版物用户可以根据自己的需要，在相关栏目中发布一些信息。例如，使用 iebook 超级精灵免费版制作出来的电子出版物内含 iebook 软件的版权信息，这些内容对于宣传 iebook 软件和 iebook 第一门户来说都具有非常重要的作用。

2. 发布速度快，更新方便

电子出版物随时可以出版，发现错误也可以快速进行更正。

3. 是一种费用低、效益大的媒体

据调查资料表明，通过电子出版物发布各种商业信息的成本显然大大低于采用其他网络传媒方式。

4. 覆盖空间广，发布时间长

网络之所及，电子出版物都能发挥传播功能。即使在没有网络的区域，也可以通过下载电子出版物在 PC 上阅读。网络上流传的电子出版物几乎可以无限保存，电子出版物的页面或结构不会随时间的推移而损坏。

5. 具有互动性

电子出版物可覆盖在线洽谈、网站链接、发送邮件、向商家留言、在线订购等即时互动功能，完全实现阅读者和企业的互动沟通，有利于企业时刻把握商机。

6. 出版方便、简单

电子出版物没有刊号、没有印刷、没有运输等，只要通过软件将刊物出版，便可通过无线网络渠道传播。

二、在线出版物

在线出版是利用计算机和特定类型的软件，结合文字和图形制作基于网络的文件的过程。形成的文件包括在线杂志和数据库、小册子和其他宣传材料、书籍等。在线出版使用互联网作为媒介，是一种通过计算机为读者、客户和消费者提供文学、教育、信息服务的便宜、有效的方法。

在线出版意味着没有返回，无成本分配，无仓库储存，无存货清单。在线图书出版意味着只销售有市场需求的书籍。

文学作品的成败往往取决于在无限期内忠实读者是否容易获得该文学作品。优秀文学作品（小说、诗歌等）的在线版本分布于全球，销售潜力远远超出一般的小众作品。

有关教育工作的在线出版物，使得除了在教室，在家庭、工作场所、社区中心、图书馆和其他扫盲中心等，任何地方都可能发生教学和学习。这类在线出版物被授权给学校系统、企业、图书馆和其他中心，有助于开发继续教育市场。

有关信息工作的在线出版物，如电子报纸、期刊、杂志能够在全球范围内传达信息。信息传递是互联网发展的根本基础，万维网早已使得将信息传输、广告和销售扩展到国际成为可能。

三、交互图书

伴随我们大多数人成长的优秀的图书不是互动型的。然而在某些情况下，交互图书相比普通图书可以为读者提供更多的价值。

如今的市场上有许多技术工具适合愿意帮助子女的教育及娱乐的父母。计算机已经成为该技术的重要组成部分，包括较简单、便携式的计算机玩具，以及旨在帮助孩子学习有用的技能同时增进乐趣的实际的计算机软件。交互图书包含在那些应用程序中。

交互图书能够帮助父母给孩子提供他们所喜爱的有趣的故事，同时允许孩子以某种让体验更真实、更有趣的方式与人物互动。大多数交互图书可在线获得，当然也有很多阅读交互图书的其他媒介。

交互图书以简单的有声读物开始。有声读物允许孩子听着故事的有声版本阅读。录制配套的增强实际阅读体验的声音效果和人物的声音，可帮助那些不知道如何阅读或有阅读困难的孩子欣赏故事。

现在，通过互联网获得的交互图书具有普通图书无法比拟的优势。通过使用鼠标，孩子能够真正参与故事活动、与角色相互配合。计算机技术使得故事更加绘声绘色，当书面文字在屏幕上显示出来时，人物的声音也听得到。所有这些功能都有助于给予故事一个额外的维度，并帮助孩子穿行于每一个角色的多样体验中。

交互图书实例如图 4-11 所示。

四、增强现实出版物

增强现实（augmented reality，AR）是指将虚拟图像和/或数据叠加在真实世界的物体上，以增强人们对真实环境的理解和体验。很多人都在电影里见识过这项技术，如《少数派报告》和《黑客帝国》。

图 4-11

通过与增强现实技术相结合,出版物进入全新互动的多媒体时代,出版物结合显示器能够链接出一本会活动的电子书,从而给读者带来视觉、听觉、触觉上的全方位体验。想象一下,读者面对的不再是枯燥的文字与图片,一个个逼真、生动的三维立体形象在光影、音效的衬托下活灵活现地展示在眼前,使得读者能够真正体验到阅读的乐趣。

1. 案例：D'Fusion 增强现实技术

D'Fusion 增强现实技术带来前所未有的理念,即通过视频直播系统,将现实图像同虚拟对象相结合。实现这一景象只需要将图书放置在网络摄像机前,页面上方即会显示出奇妙的 3D 动画图像,如图 4-12 所示。

2. 案例：BMW 的 MINI 汽车

德国 Metaio 公司(于 2015 年被美国苹果公司收购)开发出增强现实型电子杂志,访问 BMW 的网站后,将杂志放在摄像头面前,MINI 汽车的 CG 广告会跳出来,如图 4-13 所示。

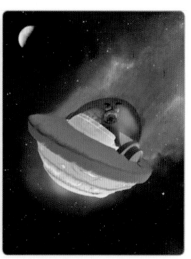

图 4-12

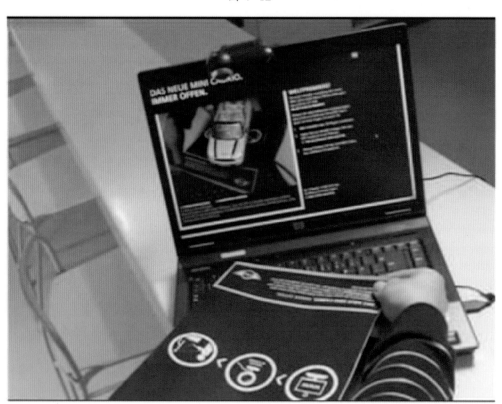

图 4-13

3. 案例：自动跳出的电子书

自动跳出的电子书（见图4-14）是由日本某印刷公司开发的基于增强现实技术的电子书，摄像头读取书上的标志图片后，在显示器上显示相应的 3D 动画。

4. 案例：魔法书（*Wonderbook*）

魔法书（*Wonderbook*，见图4-15）是采用增强现实技术的图书产品。该产品由 Sony 联手 J. K. 罗琳联手打造。

图 4-14

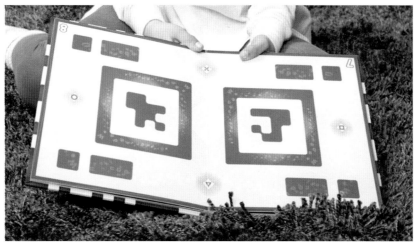

图 4-15

整套产品包含 PlayStation Move 控制器、PlayStation Eye 摄像头、一本特殊设计的"书"和一款游戏软件,如图 4-16 所示,故事剧本由 J. K. 罗琳提供。

产品应用实景如图 4-17 所示。

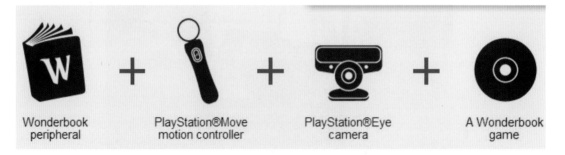

图 4-16

图 4-17

续图 4-17

五、电子图书的格式

电子图书拥有与传统书籍许多相同的特点：包含一定的信息量，如有一定的文字量、彩页；编排按照传统书籍的格式，以适应读者的阅读习惯；通过被阅读而传递信息；等等。

作为一种新形式的书籍，电子图书又拥有许多与传统书籍不同的或者是传统书籍不具备的特点：必须通过电子计算机设备读取并通过屏幕显示出来；图文声像相结合；可检索；可复制；有更高的性价比；有更大的信息含量；有更多样的发行渠道；等等。

1. 电子图书的特征

（1）方便信息检索，提高了资料的利用率。

（2）存储介质相较传统书籍而言容量更大，可以容纳更多的信息量。

（3）成本更低：容量相同时，存储体的价格可以是传统媒体价格的 1/10~1/100 甚至更低。

（4）内容更丰富：可以包含图文声像等各种数字化资料。

(5)可读性较强:可以以更灵活的方式组织信息,方便读者阅读。

(6)降低了工作量。在电脑上处理各种资料,可以更方便。

(7)更具系统性:将各种资料有机组合、互相参照,有助于读者更好地理解资料。

(8)采用新的方式方法、工具手段等。

①无纸化:电子图书不再依赖纸张,以磁性存储介质取而代之。得益于磁性存储介质存储的高性能,一张容量为 700 MB 的光盘可以代替传统的三亿字的纸质图书。这大大减少了木材的消耗和空间的占用。

②多媒体:电子图书一般都不是纯文字,而添加有许多多媒体元素,如图像、声音、影像,在一定程度上丰富了知识的载体。

③丰富性:互联网快速发展导致传统知识电子化进程加快,基本上除了比较专业的古代典籍,大部分传统书籍都"搬"上了互联网,这使电子图书读者有近乎无限的知识来源。

与纸质图书相比,电子图书的优点在于:制作方便,不需要大型印刷设备,因此制作经费也低;不占空间;方便在光线较弱的环境下阅读;文字的大小、颜色可以调节;可以使用外置的语音软件进行朗诵;没有损坏的危险。缺点在于:容易被非法复制,损害原作者的利益;长期注视电子屏幕有害视力;有些受技术保护的电子图书无法转移给第二个人阅读。

与电子图书相比,纸质图书的优点在于:阅读不消耗电能;可以适用于任何明亮环境;一些珍藏版图书更具有收藏价值。缺点在于:占用太大空间;不容易复制,确需复制时需用专用设备;一些校勘错误会永久存在;价格比较贵。

2. 电子图书的构成要素

(1)电子图书的内容。电子图书主要是以特殊的格式制作而成,可在有线或无线网络上传播的图书,一般由专门的网站组织而成。

(2)电子图书的阅读器。电子图书的阅读器包括个人计算机、个人手持数字设备、专门的电子设备,如"翰林电子书"。

(3)电子图书的阅读软件。电子图书的阅读软件包括 Adobe 公司的 Adobe Acrobat Pro、超星公司的 SSReader、福昕软件开发的 Foxit Reader(见图 4-18)等。可以看出,无论是电子图书的内容、阅读设备,还是电子图书的阅读软件,甚至是网络出版,都被冠以"电子图书"的头衔。

3. 电子图书的功能

采用电子图书的形式可以订阅众多的电子期刊、图书和文档,从网上自动下载所订阅的最新新闻和期刊,显示整页文本和图形,并通过搜索、注释和超链接等增强阅读体验。电子图书采用翻页系统,翻页类似纸质图书的翻页。人们可随时把网上的电子图书下载到电子阅读器上,也可以把自己购买的电子图书和文档存储到电子阅读器上。电子图书是传统的印刷书籍的电子版本,可以使用个人计算机或电子书阅读器进行阅读。它流行的原因包括:电子图书允许进行类似纸张书本的操作——读者可以在某页做书签、记笔记;读者可以对某一段进行反选,并且保存所选的文章。

4. 电子图书的格式

电子图书主要采用电子设备进行阅读。电子图书的格式是对使用电子图书时的文件编码方式、文件结构的一种约定，以便于区分。不同的文件要用不同的方法去读、去显示、去写、去打开或运行。根据电子设备的不同，我们主要将电子图书分为 PC 电子图书和手机电子图书。PC 电子图书的格式包括 EXE、TXT、HTML、HLP 等，手机电子图书的格式包括 UMD、JAR 等。

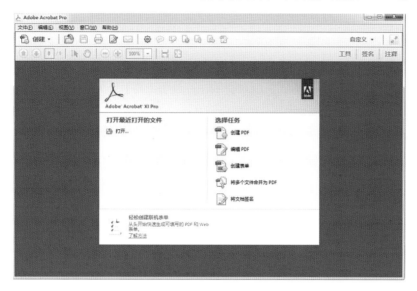

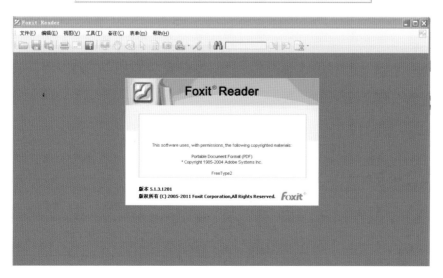

图 4-18

1)PC 格式

(1)EXE 格式。

EXE 格式电子图书不需要安装专门的阅读器，下载后就可以直接打开，且单击目录可以直接打开所需的内容。

(2)TXT 格式。

TXT 在计算机上是记事本的扩展名，现在普遍应用到电子产品中。现在较为常见的就是 TXT 格式小说。TXT 格式小说不仅可以方便地在计算机上打开，还可以下载到手机中。现在支持 TXT 格式小说的网站有很多，如著名的飘零书社就是专业的 TXT 格式小说下载网站，人们可以很方便地将小说下载自己的手机中，省去很多购买实体书的费用。

(3)HTML 格式。

HTML 格式是网页格式，HTML 格式电子图书可用网页浏览器直接打开。

(4)HLP 格式。

HLP 格式是帮助文件格式，HLP 格式电子图书在 Windows 上可直接打开，一般在程序中按 F1 键可以打开。

(5)CHM 格式。

CHM 格式同 HLP 格式一样是帮助文件格式，支持多种音视频格式，使得电子图书更加生动美观。

(6)LIT 格式。

LIT 格式是微软公司的文件格式。LIT 格式电子图书需下载 Microsoft Reader 软件来阅读。

(7)PDF 格式。

PDF 格式是 Adobe 公司开发的电子读物文件格式，是目前使用较为普遍的电子图书格式。它可以真实地反映出原文档中的格式、字体、版式和图片，并能确保文档打印出来的效果不失真。

(8)WDL 格式。

这是北京华康信息技术有限公司开发的文件格式，使用也很普遍。用免费阅读软件 DynaDoc Free Reader 即可打开 WDL 格式电子图书。

(9)CEB 格式。

此格式是由北京北大方正电子有限公司独立开发的电子图书格式。由于在文档转换过程中采用了"高保真"技术，因此 CEB 格式的电子图书最大限度地保持了原来的样式。

(10)ABM 格式。

ABM 格式是一种全新的数码出版物格式。这种格式最大的优点就是能把文字内容与图片、音频甚至是视频动画结合为一个有机的整体。阅读此格式的电子图书能带来视觉、听觉上全方位的享受。

(11)PDG 格式。

北京世纪超星信息技术发展有限责任公司把书籍经过扫描后存储为 PDG 格式，并存放在超星数字图书馆中。人们要想阅读这些图书，必须使用超星阅览器。超星阅览器安装完成后，打开超星阅览器，点击"资源"，我们就可以看到按照不同科目划分的图书分类，展开分类后，每一本具体的书就呈现在我们面前了。

(12)EPUB 格式。

EPUB 格式电子图书是可重排版的基于 XML 格式的电子图书或其他数字出版物。EPUB 是国际数字出版论坛(International Digital Publishing Forum，IDPF) 制定的标准。IDPF 于 2007 年 10 月正式采用 EPUB 格式,随后 EPUB 格式被主流出版商和设备生产商迅速采用。有各种开放源代码或者商业的阅读软件几乎支持所有的主流操作系统。在像 Sony PRS 之类的 E-INK 设备或者 Apple iPhone 之类的小型设备上都能阅读 EPUB 格式的电子出版物。

(13)CAJ 格式。

CAJ 为中国学术期刊全文数据库英文缩写。CAJ 格式是中国学术期刊全文数据库中的文件的一种格式。这种格式的文件可以使用 CAJ 全文浏览器来阅读。CAJ 全文浏览器是中国知网的专用全文格式阅读器,支持中国知网的 CAJ、NH、KDH 和 PDF 格式文件。读者通过它可以在线阅读中国知网的原文,也可以阅读下载到本地硬盘的中国知网全文。它的打印效果可以达到与原版显示一致的程度。

CAJ 全文浏览器又名 CAJViewer、CAJ 阅读器,由同方知网(北京)技术有限公司开发,是用于阅读和编辑 CNKI 系列数据库文献的专用浏览器。CNKI 一直以市场需求为导向,每一版本的 CAJ 全文浏览器都是经过长期需求调查,充分吸取市场上各种同类主流产品的优点研究设计而成的。CAJ 全文浏览器自 2003 年发展至今推出了多个版本。经过多年的发展,它的功能不断完善,性能不断提高。它兼容 CNKI 格式和 PDF 格式文档,可不下载直接在线阅读原文,也可以阅读下载后的 CNKI 系列文献全文,并且它的打印效果与原版的打印效果一致,逐渐成为人们查阅学术文献不可或缺的阅读工具。

2) 手机格式

目前主流的手机电子图书文件格式有 UMD、WMLC、JAVA(包括 JAR、JAD)、TXT、BRM 等。

(1)UMD 格式。

该格式原先为诺基亚手机操作系统支持的一种电子图书格式,阅读该格式的电子图书需要在手机上安装相关的软件。不过现在有很多手机下载阅读软件后也可以看该格式的电子图书。

(2)JAR 格式。

JAR 格式以流行的 ZIP 格式为基础。与 ZIP 格式文件不同的是,JAR 格式文件不仅用于压缩和发布,而且还用于部署和封装库、组件和插件程序,并可被像编译器和 JVM 这样的工具直接使用。

(3)WMLC 文件格式。

制作这种格式的电子图书,我们可以利用智能手机工作室软件。

3) 其他形式

如今可供阅读电子图书的平台越来越多样化,除了现有的计算机、个人手持数字设备、手机、电子图书阅读机外,电视、手表、冰箱也都有可能成为电子图书的阅读平台。

附录 A
2022 年度
『世界最美的书』
获奖作品

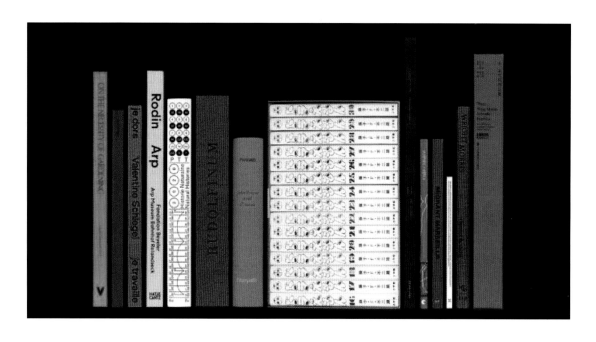

金字符奖

国家：荷兰

书名：On the Necessity of Gardening: An ABC of ART, Botany and Cultivation

作者：Laurie Cluitmans

设计：Bart de Baets

尺寸：240 mm × 320 mm × 20 mm

页数：240 / 印数：7000

印刷：Wilco Art Books, Amersfoort（NL）

出版：Valiz, Amsterdam in collaboration with Centraal Museum Utrecht（NL）

书号：978-94-93246-00-3

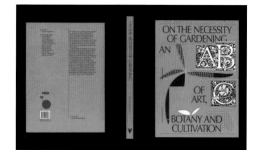

金奖

国家：荷兰

书名：Met Stoelen

作者：Kuan-Ting, Chen

设计：Kuan-Ting, Chen

尺寸：155 mm × 267 mm × 16 mm

页数：240 / 印数：14

印刷：ArtEZ University of the Arts, Arnhem

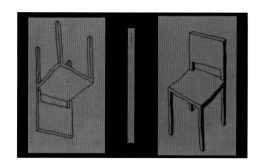

（NL）

　　出版：ArtEZ University of the Arts, Arnhem
（NL）

　　书号：无

银奖

　　国家：法国

　　书名：Valentine Schlegel: Je dors, je travaille

　　作者：Hélène Bertin

　　设计：Charles Mazé，Coline Sunier

　　尺寸：185 mm× 273 mm

　　页数：224 / 印数：未知

　　印刷：Graphius, Gent（BE）

　　出版：future - Le CAC Brétigny（FR）

　　书号：978-2-9560078-0-7

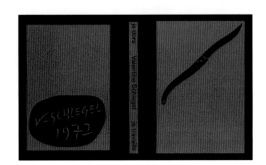

　　国家：德国

　　书名：Raphaël Bouvier for Foundation Beyeler

　　作者：Rodin Arp

　　设计：Bonbon

　　尺寸：274 mm× 310 mm

　　页数：200 / 印数：2900

　　印刷：Offsetdruckerei Karl Grammlich,

Pliezhausen（DE）

　　出版：Hatje Cantz Verlag, Berlin（DE）

　　书号：978-3-7757-4874-2

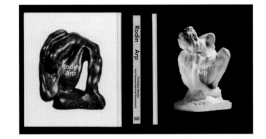

铜奖

　　国家：波兰

　　书名：Historie Naturalne

　　作者：Iwona Pasińska（内容），Andrzej

Grabowski（图像）

　　设计：Ryszard Bienert

　　尺寸：215 mm× 280 mm

　　页数：680 / 印数：250

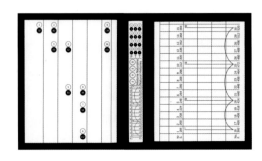

印刷：Drukmania s.c., Poznań（PL）

出版：Polish Dance Theatre, Poznań（PL）

书号：978-83-951669-2-1

国家：法国

书名：Portraits, John Berger à vol d'oiseau

作者：John Berger

设计：SpMillot

尺寸：160 mm × 220 mm

页数：768 / 印数：未知

印刷：Eberl & Koesel, Altusried-Krugzell（DE）

出版：L'écarquillé, Paris（FR）

书号：978-2-9540134-8-0

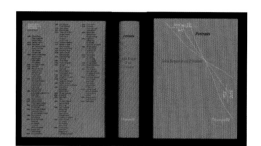

国家：奥地利

书名：alles oder nichts wortet

作者：Gerhild Steinbuch, Sandro D. Huber, Sabine Konrath,Greta Pichler, Felicitas Prokopetz, Tizian Natale Rupp

设计：studio VIE

尺寸：275 mm × 368 mm

页数：128 / 印数：500

印刷：Holzhausen / Gerin Druck Wolkersdorf （AT）

出版：De Gruyter / Edition Angewandte, Vienna（AT）

书号：978-3-11-072305-2

国家：捷克

书名：Chrám Umění: Rudolfinum

作者：Jakub Bachtík, Lukáš Duchek, Jakub Jareš（Ed.）

设计：20YY Designers / Petr Bosák, Robert Jansa

尺寸：210 mm × 285 mm

页数：53 / 印数：2000

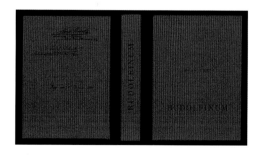

印刷：Tiskárna Helbich, Brno（CZ）

出版：The Czech Philharmonic in collaboration with The National Heritage Institute and The National Technical Museum

书号：978-80-906787-1-2

国家：日本

书名：100 More Years with Doraemon

作者：Fujiko F. Fujio

设计：Naoko Nakui

尺寸：173 mm × 105 mm

页数：192 页 × 45 册 / 印数：12000

印刷：Tosho Printing, Tokyo（JP）

出版：Shōgakukan Inc, Tokyo（JP）

书号：9784091793331

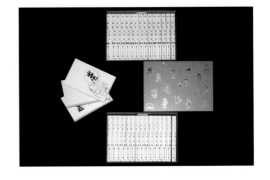

参考文献 References

[1] ［英］加文·安布罗斯,保罗·哈里斯.文字设计基础教程［M］.封帆,译.北京:中国青年出版社,2008.

[2] ［英］安德鲁·哈斯拉姆.书籍设计［M］.钟晓楠,译.北京:中国青年出版社,2007.

[3] ［日］佐佐木刚士.版式设计原理［M］.武湛,译.北京:中国青年出版社,2007.

[4] ［日］杉浦康平.亚洲的书籍、文字与设计［M］.杨晶,李建华,译.北京:生活·读书·新知三联书店,2006.

[5] ［英］拉克希米·巴斯卡拉安.什么是出版设计［M］.初枢昊,译.北京:中国青年出版社,2008.

[6] ［法］弗雷德里克·巴比耶.书籍的历史［M］.刘阳,等译.桂林:广西师范大学出版社,2005.

[7] 韩琦,［意］米盖拉.中国和欧洲——印刷术与书籍史［M］.北京:商务印书馆,2008.